DABAI ZIJI DE CONGLAI BUSHI XIANSHI

打败自己的
从来不是
现实

米拉 著

民主与建设出版社

·北京·

© 民主与建设出版社，2024

图书在版编目(CIP)数据

打败自己的，从来不是现实 / 米拉著. -- 北京：民主与建设
出版社，2016.8（2024.6 重印）

ISBN 978-978-7-5139-1226-6

Ⅰ.①打… Ⅱ.①米… Ⅲ.①成功心理－青年读物
Ⅳ.①B848.4-49

中国版本图书馆CIP数据核字(2016)第180084号

打败自己的，从来不是现实
DABAI ZIJI DE, CONGLAI BUSHI XIANSHI

著　　者	米　拉	
责任编辑	刘树民	
装帧设计	李俏丹	
出版发行	民主与建设出版社有限责任公司	
电　　话	（010）59417747　59419778	
社　　址	北京市海淀区西三环中路10号望海楼E座7层	
邮　　编	100142	
印　　刷	永清县晔盛亚胶印有限公司	
版　　次	2016 年 11 月第 1 版	
印　　次	2024 年 6 月第 2 次印刷	
开　　本	880mm×1230mm　1/32	
印　　张	8.5	
字　　数	180千字	
书　　号	ISBN 978-7-5139-1226-6	
定　　价	58.00 元	

注：如有印、装质量问题，请与出版社联系。

目录

CONTENTS

[让你
被世界看见]

CONTENTS

[
站着做人，
蹲着做事
]

CONTENTS

事情没有想不到，只有不敢想

C
O
N
T
E
N
T
s

［ 人生需要
轻装简行 ］

CONTENTS

少一点抱怨，多一点进步

不对现实妥协，
你终将闪耀

你想过怎样的生活？

是丰富热烈的，

还是苍白凄惶的？

你愿意对世界投降，

从此颠沛游离，

还是挣脱牢笼，勇往直前？

不对现实妥协，
你终将闪耀

阿木失眠了。我能清晰地听到电话那头，他在床上辗转反侧的声响，还有不由自主的叹息。

我知道，他刚刚度过了艰难的一天。大清早，家里来电话，说老爸血压升高，住进了医院；上午接到房东电话，催他三天之内交清房租，否则就要让他卷铺盖走人；他原本有一点积蓄，上个月老家的弟弟结婚，他都寄了回去，现在你要说他身无分文，好像也过分不到哪里去；想着这些，心神不宁的他下午跟着老板去参加一个项目的竞标，由他负责的一份重要文件竟然忘了带，老板的震怒可想而知；好不容易捱到下班，女朋友又因为一点琐事跟他甩脸大吵，到晚上了还在冷战……

"过完这一天，感觉像过了一辈子那么长。这日子，真是难熬！"阿木有些幽怨地跟我感慨，听得出他的惆怅和失落。

大学时的阿木，不是个悲观、爱抱怨的人，我们都不是。那会儿，我们常常在一起，不知天高地厚地憧憬将来，觉得人生真是充满了无限可能。

记得那年夏天，我们一起去草原露营，深邃浓重的黑夜将天地包裹得严严实实，我们并排躺在辽阔的大地上，枕着露水，嗅着草香。满天的星星从未离我们那么近，而且亮得灼眼。

"黑暗越重，星星就会越亮。"那晚，阿木说，我们的梦想就像这星星吧，只要用力闪，用力闪，总能穿透黑夜，让人看到。

那会儿，我们并非不知道生活多艰，只是没想到，一踏出校门进入社会，暴风雨就劈头盖脸地砸下来，叫人毫无防备、措手不及。

我们明明已经很努力了，却常常觉得人生充满了委屈；我们似乎每天都忙忙碌碌，却总是感觉收成微薄、囊中羞涩；我们真诚待人，却老被人算计、穿小鞋，你都不知道自己到底做错在了哪儿；加班加到快吐血，疲惫至极地搭上末班车，穿越城市的灯火阑珊回家，却依然找不到完全融入的归属感……

或许是被现实欺骗得太多，我们越来越诚惶诚恐、患得患失。我们被焦躁不安的情绪笼罩，脸上的笑容还在，可心底里的快乐却少了。

阿木，我担心你——哦，不，是担心我们，会就此向生活妥协，对困难屈服。如果锐气渐渐褪去，自信心一点点被消磨，我们还能活成自己想要的模样吗？

所以，你想过怎样的生活？是丰富热烈的，还是苍白凄惶的？

你愿意对世界投降，从此颠沛游离，还是挣脱牢笼，勇往直前？

我想，你知道答案。

其实，日子哪里会真的过不下去呢？谁不是打败了一个个委屈，才能前行。同一片星空下，没有谁比谁更轻松如意。只是有的人哭了出来，有的人默默忍受罢了。人生的剧情一直在铺展，剧本已经摊开，结局会怎样，主动权在你手上。

阿木，我还记得你大学毕业后租住的第一间房子，在这偌大城市的城郊结合部，一溜红砖砌成的平房中，一间不到10平米的"漏室"，到处是雨水渗漏的痕迹，窗条和铁床都锈迹斑斑，窗户连玻璃都没有，你拿了报纸糊上。那天我去看你，惊讶你怎么能在这样的地方睡得如此安稳。

你倒云淡风轻地回答，这里清静，少有人来打扰，下班回来正好可以安静地复习考研……而一抬眼，透过破烂的窗户，就能看到天上的星星，你说，你跟它们一样，虽然身在暗夜里，但也一直在闪一直在闪啊……

后来，你真的考上了研究生，是你从小就梦寐以求的那所大学，学了你最爱的专业。然后，你换了一份更加体面的工作。你依然保留了每天晚上睡前看书的习惯，又爱上了周末户外徒步，想让自己的生活更加健康，更有品味。

你看，我们常常以为自己就要撑不下去，可是，再坚持一下，再忍耐一下，不都挺过来了吗？

说到底，因为我们都清清楚楚地知道，虽然面对浩瀚的星空，我们是如此卑微，可那又怎样？庸碌平凡，也挡不住我们用尽全力发出一点微光。因为我们相信，看上去再怎么不堪的生活，也总会留一扇门给对它抱有希望的人。

想到这里，我给阿木发了一条微信，"你还记得露营草原那晚上的星星吗？你说，黑暗越重，它们才会越亮。"

我收到他回，"不要放弃闪耀，即使在最幽暗的黑夜中……"

晚安，阿木！

晚安，还怀揣梦想、不曾对现实妥协的你！

打败昨天的自己

他出生在法国北部城市鲁昂市，从小便有着与众不同的政治天赋，他在小学时就参加学校里面组织的无数演讲，许多老师说他天生好口才，加上相貌端庄，聪明伶俐，他一直担任班级里的班长职务。

中学时，他已经是首屈一指的风云人物了，学校里组织的几乎所有比赛，他都会欣然前往，全力以赴。

高中二年级时，他有幸成为新年晚会的总编辑，负责整场晚会的文字准备与编辑工作，他将自己关在宿舍里好多天，闭门造车的结果是他整理出来一大堆无用的文字，无论是主持人的台词还是晚会的串词，都是漏洞百出。

晚会的总导演法克先生，是教务处的副主席，法克先生认为编辑工作是整场晚会的支柱，如果编辑不到位，或者是根本就不会组织，整场晚会就无法顺利完成。他以十分轻蔑的眼光瞅着面前这个一度不可一世的"混世魔王"，二话不说，要求学校教务处撤销他的总编辑资格。

他很快收到了通知，通知里一句话简洁明了：总编辑工作另觅他人。这对于一个刚刚十七岁的孩子来说，无异于五雷轰顶。

他的眼泪肆无忌惮地攻击着自己的脸颊，他找到了总导演与学校里的一些官员们，要求他们收回成命，自己会从头再来，下一次肯定会取得成功。

没有人理睬一个孩子的心情，一些好事的学子们将此事传得沸沸扬扬，他们的潜台词就是：做人不要太自以为是，人外有人，天外有天。

这个孩子思考片刻后，将自己重新关在宿舍里，这一次，他组织了两位同学，一个有着良好的声乐天赋，一个具有表演天才，两天两夜时间，他重新将整理好的文字放在总导演法克的书案上。

法克正在为此事烦恼，因为晚会已经逼近，短时间内无法找到合适的文字编撰人员，他试着写了几页，却感觉不堪一击。

放在案头的文字似一道闪电，打开了法克先生的心门，法克一边看着，一边手舞足蹈起来，台词出类拔萃，串词惟妙惟肖，整个文字与整场舞台相接融合顺畅，游刃有余。

法克的目光盯在组织者的名字上：弗朗索瓦·奥朗德。

奥朗德在宿舍里模拟了整场晚会的全部节目，与两位同学一块儿锤炼语言，尽可能做到每句台词都逼真地反映现场的气氛。他以一场经典的传奇式的补救措施，惊艳全校，学校通讯社认定他注定是一个惊天动地的人才。

奥朗德在一周后的校报上刊登了专栏文章《打败昨天的自己》：人最大的对手不是敌人，而是自己，人无时无刻不在与昨天的自己斗争，你的目标是打败昨天的你，不能让昨天的你凌驾于今天的你和明天的你的脖子上面。

奥朗德大学毕业后便踏入了政坛，开始只是个无名小卒，后来一路顺风顺水地由一个"潜力股"飙升为"绩优股"，他擅长演讲，且极富有"煽动性"，2001年至今，他一直担任法国社会党的领袖，2012年，他以社会党推荐候选人的身份与人民运动联盟候选人现任总统萨科齐一起角逐法国总统。

在竞选演讲中，他提出了"号召全民力量，振兴经济"的口号，他提醒大家：学会反省自我，昨天的我不堪一击，今天和明天的我一定是最优秀的，我们的国家同样如此，虽然面临经济停滞，但只要全民同心，与昨天的国家斗争，明天的国家一定会充满希望，朝阳就在我们的前方。

5月6日下午，在第二轮选举中，奥朗德击败了萨科齐，众望所归地成为法国新一任总统。

自己不打倒自己，
就没有人能打倒你

人生在世，不可能万事都一帆风顺。当你遭遇到失败时，当一切似乎都是暗淡无光时，当你的问题看起来似乎不会有什么好的解决办法时，你该怎样做呢？难道你要无所作为，听任困难压倒你吗？每种逆境都含有等量利益的种子，只要心存信念，勇敢地站起来，总有奇迹发生。

美国作家欧·亨利在他的小说《最后一片叶子》里讲了个故事：病房里，一个生命垂危的病人从房间里看见窗外的一棵树，在秋风中树叶一片片地掉落下来。病人望着眼前的萧萧落叶，身体也随之每况愈下，一天不如一天。她说："当树叶全部掉光时，我也就要死了。"一位老画家得知后，用彩笔画了一片叶脉青翠的树叶挂在树枝上。最后一片叶子始终没掉下来。只因为生命中的这片绿，病人竟奇迹般地活了下来。

人生可以没有很多东西，却惟独不能没有希望。有了希望就有了信心。有了信心，生命就生生不息！

有个年轻人去微软公司应聘，而该公司并没有刊登过招聘广告。见总经理疑惑不解，年轻人用不太娴熟的英语解释说，自己是碰巧路过这里，就贸然进来了。总经理感觉很新鲜，破例让他一试。面试的结果出人意料，年轻人表现糟糕。他对总经理的解释是事先没有准备，总经理以为他不过是找个托词下台阶，就随口应道："等你准备好了再来试吧。"

一周后，年轻人再次走进微软公司的大门，这次他依然没有成功。但比起第一次，他的表现要好得多。而总经理给他的回答仍然同上次一样："等你准备好了再来试。"就这样，这个青年先后5次踏进微软公司的大门，最终被公司录用，成为公司的重点培养对象。

你的懦弱，
要给谁看

　　我有一个朋友，长得可爱，性格也很可爱，所以异性缘非常不错。她也经常在我面前"卖弄"自己有多少多少人追，有多少多少人等。这世间有那么一种女生，生来就是惹人疼的，或许她就在此列吧。相比之下，我觉得自己似乎不那么逗人喜欢，而作为女生，谁都想成为被捧在手心里的优乐美，所以，曾经有那么一段时间，我狠狠纠结于坚守自我与学乖巧装可爱这两者之间，后来终于明白：每个人的经历造就了每个人的现在，刻意羡慕和模仿他人，不过是邯郸学步、画虎类犬，只有从心底里接纳自己，珍视自己，哪怕你输给了千千万万，你始终能赢得真实、鲜活的人生。

　　这几年越来越喜欢梅花，也许是因为以前做过一个测试，说的是如果每一种花代表一种女生，你会是什么花？我的测试结果就是梅花，那段话我也觉得挺适合自己，于是就特地记了下来。（梅花：从表面上看，你应该是坚强并保守的，甚至你周围的朋友都会以为你清冷得有些孤傲。但是你却是有非同寻常的热情在面对着生活，在你的心底更有着对世间一切最纯真的想法。你有情却不多情，你可以改变却不善变。肤浅的男人不会触碰你，走近你的一定是注定幸福的男子。）当然，一个无厘头的测试并不能说明什么，但这几句话，又似乎把我写得真真的。

不论是以前在学校，还是现在在单位，我都不是那种会让人心生怜爱的角色，或许我是真的表面上看起来有些坚强并保守吧，我甚至能够想象得出男同事们对我的评价：Miss Li 工作很认真，骨子里爷们，天真率性，好相处，可以做哥们……，而绝对不会有男生在我背后说：你看那谁谁谁，太他妈小鸟依人了，让哥们我父爱泛滥呀。Maybe，这就是我作为女生的悲哀，就跟我受不了男生嗲声嗲气、翘兰花指夹臀走猫步一样，男生自然也见不得一个女生身上没有了诸如温柔、乖巧、可爱等雌性固有的特征。当然，这是我说得夸张了一点，我并非真的很爷，只是不随便娘。平时，我很少撒娇，即使在父母家人面前，最多也只开开玩笑，使使小性子，也不是我天生体内没那细胞，而是我认为：物以稀为贵。不撒娇并不代表不会撒娇，关键看在什么环境中、面对着什么样的人。见谁都撒娇的女生，你要吗？反正，见谁都温柔体贴的男生我是不要的。

人们都说，爱哭的孩子有糖吃，我从小就不怎么爱哭，除非是我觉得自己委屈得不行了，比如我爸说好带我去动物园，结果自己加班；又比如我妈讲好要和我周末去外婆家睡一晚上才回来的，结果当天就回来（那时候我很喜欢去外婆家），这一类事情是我幼小的心灵实在承受不了的，因为小时候比较任性，如果父母答应的事情没有做到的话，哪怕有天大的理由，我也要闹上一阵才肯善罢甘休。小我两岁的表妹则不一样，她长得比我可爱，也爱哭，只要我们一发生争执，她就立马在地上又哭又闹，典型的小泼妇样儿，但是因为她小啊，大人们总觉得是我欺负她，在他们眼里，谁对谁错已经没那么重要了，重要的是她看起来那么弱小，我就得让着。

还记得以前在网上看到一个段子，大意是这样的：某男另结新欢，回家跟女友提分手，女友问为什么，男的回答说，你一个人也能活得很好，而她就像个小孩，没有我不行的。女友冷笑道，你就是贱，有个女人想跟你牵手你不干，硬是要捞一个背在背上才过瘾。当时觉得这个女生说的很有道理，虽然通俗，但是寓意深刻。哪有我想跟你执手并肩，你却嫌我太能耐的道理呢？坚强无罪，看过电影《西西里的美丽传说》的人都知道：美丽无罪。女主角天生丽质，却背负太多不该由她承受的灾难，这无疑是不公平的。可惜这个世界有时候太是非不分、黑白不明，殊不知现象远非本质。

说来说去，可能有点吃不到葡萄说葡萄酸的嫌疑，因为一开始我也承认了自己并不可爱也并不柔弱，但"可爱"或者"柔弱"，毕竟带有很强的主观性，可能美国人觉得可爱，英国人觉得不可爱，有可能猪八戒觉得柔弱，孙悟空觉得不柔弱……

关键是，你真的不要去装可爱、装柔弱，如果你是坚强并保守的、冷漠并孤傲的，在这个年代或许有那么点不招人待见，但是那个不谄媚、不做作的你就是真的你。虽然弱者更能赢得同情、更能惹人怜爱，但你知道，那种引人注目的方式从来都不适合你。你不那么需要依赖别人正因为你能很好地满足自己的需要，你不那么需要博得别人的同情与怜悯也正因为你在他们眼里真的可以应付好一切。

就让别人觉得你很坚强吧，因为，不是每个人都能理解你内心的柔软。女孩，你该坚强自信，果断干练，而非轻易示弱，随便寻求保护与疼爱。你不是林妹妹，也没那么多宝哥哥来买你的账。就算这个世界没人把你当女的了，也别忘记提醒自己：你不坚强，懦弱给谁看。

不给自己
任何借口

她是个不幸的孩子，19 岁那年，正当步入人生花季和芭蕾舞台生涯巅峰之际，却意外地发觉自己双眼模糊，后被诊断为视网膜脱落。

经过家人的劝说，她接受了手术，可结果是她仍然无法恢复正常视力。医生建议她卧床一年，叮嘱她不能练习抬腿绷脚尖，不能扭头，同时需要控制脸部表情，才能达到调养效果。

她心急如焚，跳芭蕾舞的人都知道：芭蕾一天不练自己知道，两天不练同行知晓，三天不练观众明白，她明白一年不练在芭蕾艺术里等待她的是一条死亡之路。

她苦苦哀求，丈夫只得辞去工作，陪伴在她身边。每天，她让丈夫的手指替代脚尖，在自己胳膊上表演古典芭蕾剧目。一天又一天，一月又一月，虽然不曾舞蹈，但她内心那份感觉却真实地存在。

一年以后，她重新登上舞台，一下子就找到了久违的自己。她手持纱巾，翩翩起舞，尽情地出演了《吉赛尔》《天鹅湖》《胡桃夹子》《海盗》《卡门》等经典芭蕾舞剧。凭着精湛的舞技，她获得了鲜花和掌声，受到人们的好评。

表演事业蒸蒸日上，可视力却一天天衰弱。不久，她仅有一只眼睛视力也模糊了，丈夫劝说她放弃芭蕾舞，可倔强的她又选择了双人舞，因为在双人舞舞段中，一般规则是由男演员来引导女演员。在舞台上，她的舞伴都是精确定位，引导着她婀娜多姿的舞步，而台下的观众根本不会觉察到舞台上的她视力有问题。

功夫不负有心人，她用自己的坚持和激情燃烧了半个世纪，她呕心沥血打造出的古巴国家芭蕾舞团，成为了世界十大顶尖芭蕾舞团之一，她就是赫赫有名的阿隆索，2010 年 7 月 9 日，这位著名古典芭蕾舞演员摘取了西班牙巴勃罗艺术大奖。

当媒体曝光她"双目失明"事实时，她再度成了人们心目中的奇人，每当记者好奇地追问"为什么双目失明还能取得如此佳绩？"阿隆索总会淡淡一笑："不给自己任何借口，将'借口'踩在脚下，翩翩起舞，也就一路走到了今天……"

不给自己任何借口！一个人如果能秉持这种信念，就能斩断后路，不断超越自己，收获属于自己的成功。

成长的
真味

　　她出生在英国格温特郡一个普通的家庭，父亲是飞机制造厂一名退休的管理人员，母亲在一家实验室做技术员。小时候的她相貌平平，戴一副眼镜，爱好学习，有点害羞，流着鼻涕，还比较野。她从小喜欢写作和讲故事，6 岁就写了一篇跟兔子有关的故事。妹妹是她讲故事的对象。创作的动力和欲望，从此没有离开过她。那时她梦想将来能成为一个大作家，出名的，令人崇拜的。

　　长大后，她喜欢上了英国文学，大学主修的是法语。毕业后，她怀着美丽的梦幻只身前往葡萄牙发展，随即和当地的一名记者坠入情网。无奈的是，这段婚姻来得快也去得快。不久，她便带着 3 个月大的女儿回到了英国，栖身于爱丁堡一间寒冷无比的小公寓里。找不到工作的她，只好靠着微薄的失业救济金养活自己和女儿。

　　有一段时间，她疯狂地写作，写自己的遭遇，写人间百态，写自己的所见所想，凡是她能想到的，她都写了。她希望多发表文章，能以此能改善生活，希望自己能像那些成名的作家一样，随便写点文字，大笔稿费就自动送到家了。但现实很残酷，一年间她仅发表了 7 篇文章，其中三篇没有稿费，只给她几本刊物。

没有人知道她当时的郁闷，她没有人知道她的颓废，她觉得自己快要活不下去了。生活实在太窘迫。她原本就是一个爱美的女子，正值青春，她渴望穿时尚华丽的衣服，喜欢把自己打扮得漂漂亮亮的，可每当年幼时那些斑斓芬芳的梦想再次涌现时，她都难过得哭了。

24 岁那年，她从曼彻斯特到伦敦旅游，这次行程改变了她的一生。当行驶的火车在一个小站停下时，她看见外面有一个瘦弱、戴着眼镜的黑发小巫师，一直在穿过车窗对着她微笑。她微笑很可爱，很调皮，一下子抓住了她心，她突然觉得自己好像在什么地方见过这微笑，竟然十分熟悉。于是，她萌生了一个念头：以这个小巫师创作一部作品。这部作品是虚构的，把自己多彩的梦幻融入进去，充分发挥自己的想象，给人展示另一个世界。

接下来，她开始动笔。为了节省家里的暖气费，她总是呆在小咖啡馆里写作，由于没钱买纸张，她只有把故事写在捡来的小纸片上。故事的主人公是一个 10 岁小男孩，瘦小的个子，黑色乱蓬蓬的头发，明亮的绿色眼睛，戴着圆形眼镜，前额上有一道细长、闪电状的伤疤……

尽管写作很辛苦，但她没有退缩，因为她不甘心领取救济金，她相信自己的能力，即使经历了伤害和磨难，她也要用自己的双手吃饭。

小说完成后，她把它寄给了她几家出版社，但没有哪一家出版社愿意接受。那时，作为一个单身母亲，她的生活极其艰辛，当然没有钱自费出版了。后来，一个家濒临倒闭的小出版社冒险出版了这部小说；再后来，美国一个不入流的小制片人觉得这部小说的故事不错，便把它搬上了荧幕。

谁也没有想到，在短的时间后，她的小说长期占据了世界畅销书榜首的位置，那家小出版社起死回生声誉大震，以小说拍摄的电影风靡全球，那个不入流的制片人也因此跻身一流的制片人行列。

她叫J.K.罗琳，她的作品是《哈利·波特》。《哈利·波特》一连出版七部，每部都引起轰动，备受瞩目，好评如潮。已被翻译成63种语言，在全世界的发行量已经超过4亿，创造了出版史上的神话。

在成功面前，J.K.罗琳没有忘记自己曾经历过的苦难，成名后，她热衷于人道主义的慈善活动。2000年9月，她出任"单亲家庭委员会"形象大使，并捐出了50万英镑。2003年3月，她特地为戏剧救济基金会创作了两部小说，将所得钱款捐助给了该基金会。2005年4月，为了纪念她的母亲，她又为"多发性硬化症协会"捐了 25 万英镑。

如今，J.K. 罗琳时常出现在各种晚会上，她已不再年轻，在岁月的磨砺中，她的面庞留下了沧桑。可是，透过岁月清晰的刻痕，你会发现，她的目光是那么清澈，她的笑容是那么纯真。她长得并不美，可她有孩子般的天真，成就了另一种美。

她说："在成长的过程中，难免会遇到各种痛苦，敏感、难堪、害羞、冒失、煎熬，这都是要经历的过程，它们都是成长所必备的元素。成长是生命最大的犒赏，值得我们去尝试。"

是的，成长是生命最大的犒赏，在经历挫折与打击后，我们才能更加体会到生命的真味，去让自己的心灵开出一朵芬芳的花！曾经有过黯淡，但双眸依然闪光；曾经有过杂乱，但一路奔跑成长，这就是人生最好的铭记。

荣誉
和错误

这是一堂投资鉴别课，给学生们上课的教授先介绍了两位投资大师。

甲大师的办公室专门隔出了一间荣誉室，里面摆满了各类奖状、奖杯、匾额、荣誉证书。在这数不清的荣誉里，有甲大师所率领的投资公司在某某年赢利过亿的显赫荣耀，也有这家公司某某年纳税过千万的税务证明，还有各类报刊对甲大师以及他所领导的投资公司的采访报道。

乙大师的办公室很简单，不但没有荣誉室，相反却设置了一面"错误墙"。乙大师将自己犯的错误整理出来，挂在墙上，每天到办公室时都回顾一遍自己的错误。这面"错误墙"上，挂过数十家公司的股票，其中一家公司的股票曾两次露脸，一次是因为依据错误的原因买进，另一次则是在错误的情况下卖出。

教授介绍完甲、乙两位大师后，问学生："如果你们手里有钱，你们会选择哪位大师替你们打理？"

学生丙说："我会选择甲大师，因为他有成功的经验、显赫的荣誉，把钱交给他，肯定我的钱会快速升值的。"

学生丁反驳说："我不会选择甲大师，因为我不相信那些荣誉。几乎所有的公司都能找到成打的奖状、奖杯、匾额、荣誉证书。不要认为荣誉多，该公司就取得了什么特别卓越的成就。过多、过滥的奖项背后，反映出来的问题，使荣誉严重贬值，甚至一文不值。其实，荣誉多少倒是无所谓的，我只是对甲大师设置荣誉室的目的猜不透，他是想一味沉浸在过去的幸福中，还是想向客户炫耀什么，以达到什么目的？我觉得，一个对客户负责的投资大师应该把全部精力用在理财研究上。钱财是实的，不是靠宣扬以前成绩来获得新的利润的，除非是诈骗。"

教授问学生丁："既然你看不起甲大师，那你会选择哪位大师呢？"

学生丁回答道："毫无疑问，我会选择乙大师。懂得金矿知识的人明白，那些色彩斑斓、奇形怪状的石块并没有采炼价值，能够提炼出黄金的是那些颜色发暗并不引人注目的矿石。乙大师注重从错误中汲取教训，引以为鉴，恰恰能避免再次犯错误，另外，知耻而后勇，乙大师必能全身心地研究投资市场，在今后做出不凡的业绩。"

学生丙反对道："祸不单行，错误会接二连三，乙大师是不值得信赖的。相反，甲大师的荣誉会激励他再创辉煌。"

　　等学生们回答完了，教授总结道："我不能简单地说你们两个人谁说得正确、谁说得错误，我只是知道恐惧夜行的人，会大声说话；另外我还知道猎豹捕食羚羊时，会先悄悄接近，等算计好后，再猛地扑向已经瞄准的弱小羚羊，即使这样，猎豹的成功率还不是很高。在这里，我想向你们讲授的是：类似甲大师的人遍地都是，而具有乙大师气度的人极少，华尔街的投资大师戴维斯是其中之一。他就设置了一面'错误墙'。当客户看到戴维斯犯过这么多错却又勇于面对，认为他在未来犯的错会越来越少，从而放心地把资金交给他打理。在戴维斯的带领下，他们的投资公司跻身优秀团队的行列。"

　　学生们明白了，选择甲大师并不见得是一种错误，但他们的教授更推崇乙大师。其实，投资是一项风险极大的事情，就算拥有"股神"之称的巴菲特，也是尝尽了失败的滋味。

　　学生们细细品味教授的话，领悟出了更多更多的道理。

让生命
成为古钱

我们每个人出生的时候，并非是两手空空，而是捏了一本生命的借记卡。

阳世通行的银行卡分有钻石卡、白金卡等细则，生命的卡则一律平等，并不因了出身的高下和财富的多寡，就对持卡人厚此薄彼。

这张卡是风做的，是空气做的，透明、无形，却又无时无刻不在拂动着我们的羽毛。

在你的亲人还没有为你写下名字的时候，这张卡就已经毫不迟延地启动了业务。卡上存进了我们生命的总长度，它被分解成一分钟一分钟的时间，树木倾斜的阴影就是它轻轻的脚印了。

密码虽然在你的手里，但储藏在生命借记卡的这个数字，你虽是主人，却无从知道。这是一个永恒的秘密，不到借记卡归零的时候，你都在混沌中。也许，它很短暂呢，幸好我不知你不知，咱们才能无忧无虑地生活着，懵然向前，支出着我们的时间，不知道会在哪一个早上那卡突然就不翼而飞，生命戛然停歇。

很多银行卡是可以透支的，甚至把透支当成--种福祉和诱饵，引领着我们超前消费，然而它也温柔地收取了不菲利息的。生命银行冷峻而傲慢，它可不搞这些花样，制度森严铁面无私。你存在账面上的数字，只会一天天一刻刻地义无反顾地减少，而绝不会增多。也许将来随着医学的进步，能把两张卡拼成一张卡，现阶段绝无可能。

也许有人会说，现在发布的生命预期表，人的寿命已经到了七八十岁的高龄，想起来，很是令人神往呢。如果把这些年头折算成分分秒秒，一年 365 天，一天 24 小时，一小时 3600 秒……按照我们能活 80 年计算，卡上的时间共计是 2522 880 000 秒。

真是一个天文数字，一下子呼吸也畅快起来，腰杆子也挺起来，每个人出生的时候，都是时间的大富翁。不过，且慢。既然算账，就要考虑周全。借记卡有一个名为"缴费通"的业务，可以代缴代扣。生命也是有必要消费的，就在我们这一呼一吸之间，卡上的数字就要减掉若干秒了。首先，令人晦气的是——我们要把借记卡上大约 1/3 的数额。支付给床板。床板是个哑巴，从来不会对你大叫大喊，可它索要最急，日日不息。你当然可以欠着床板的账，它假装敦厚，不动声色。一年两年甚至十年八年，它不威逼你，是个温柔的黄世仁。它的阴险在长久的沉默之后渐渐显露，它不动声色地、无声无息地报复你，让你面色干枯发摇齿动、烦躁不安歇斯底里……它会让你乖乖地把欠着它的钱加倍偿还，如果它不满意，还会把还账的你拒之门外。倘若你欠它的太多了，一怒之下，也许它会彻底撕毁了你的借记卡，纷纷扬扬飘洒一地，让杨白劳就此永远躺下。所以，两害相权取其轻吧，从长远计，你切不可以慢待了床板这个索债鬼，不管它多么笑容可掬，你每天都要按时还它时间。

你还要用大约 1 / 3 的时间来吃饭、排泄、运动、交通、打电话、接吻、示爱和做爱，到远方去旅游，听朋友讲过去的事情，当然也包括发脾气和生气，和上司吵架还有哭泣……当然你也可以将这些压缩到更少的时间，但你如果在这些方面太吝啬支出的话，你就变成了一架冰冷的机器，而不再是活生生的人。

你的生命刨去了这样多的必须支出，你还剩下多少黄金时段？

唯有我们不知道生命的长短，生命才更凸显。也许，运动可以在我们的卡里增添一些跳动的数字？也许大病一场将剧烈减少我们的存款？不知道。那么，在不知道自己有多少银两的时候，精打细算就不但是本能，更是澄澈的智慧了。在不知道自己所要购买的愿景和器物有着怎样的高远和昂贵，就一掷千金毅然付出，那才是真正的猛士视金钱如粪土了。

当我们最后驾鹤西行的时候，能带走的唯一物品，是我们空空如也的借记卡。当那个时候，我们回首查询借记卡上一项项的支出，能够莞尔一笑，觉得每一笔支出都事出有因不得不花，并将这笑容实实在在地保持到虚无缥缈间，也就是灵魂的勋章了。

其实，当你吐出最后的呼吸之时，你的借记卡就铿锵粉碎了。但是，且慢，也许在那之后，有人愿意收藏你的借记卡，犹如收藏一枚古钱。

打开心中
的窗户

　　二战结束后，人们对奥斯维辛集中营受难人员的遗留物品进行清理，意外地发现了一卷"诗稿"。这卷"诗稿"是用鲜血写在白衬衣上的。

　　诗的题目叫做《窗子》：清晨／我推开窗子／走在林间的小路上／鲜花馥郁／鸟声婉转／我心灵的窗子亦打开／仿若阳光万道穿透心灵……全诗共有三段，二十四行，分别写了作者于早晨、中午和黄昏在野外嬉戏的情景。在诗中，"窗子"共出现了八次，但事实是，奥斯维辛的囚室是没有窗子的。经过一番调查考证，人们惊奇地发现，在集中营 B 区的 701 室，墙壁上赫然画着一扇窗子，是用鲜血画上去的，大小和实际的窗子一样，窗子的两扇窗叶向外打开。经过 DNA 检测，"窗子"的血迹和"诗稿"的血迹同属一个人。

　　这个故事让人惊叹心喜，又颓然伤怀。

　　艺术，是对于令人失望的现实的修正。

　　在暗无天日的奥斯维辛集中营里，每个人都忍受着与亲人分离的孤单，忍受着繁重不堪的劳作、饥饿，还时时准备着被毒打、被侮辱、枪杀，死亡随时降临。亲人离散了，身心每天都被严重摧残，生命随时都可能陨灭。愤怒，麻木，绝望，不堪……我们故事的主人公，每天拖着疲惫不堪的身体回到囚室，于极度悲伤绝望中闭上双眼，流下两行冰凉的泪水，突然，他的脸上漾起了笑容：朦胧中听到了鸟声婉转，看到了五彩斑斓，嗅到了花香馥郁……可是，梦幻醒来，依然是冰冷坚硬没有窗户的四壁，是浊臭不堪的狭促的空间……于是，他就划破自己枯瘦的手指，把自己的梦幻变成文字，让文字成为永恒；于是，他就在冷硬的囚室墙壁上，认真地面带微笑地画上了那扇窗子，那扇让心灵喘息和飞翔的窗子……

有了那扇窗，他就不寂寞了，不害怕了，不绝望了。每天，受尽折磨之后，他望着那扇向外开着的窗户，吟诵着由浪漫想象编织的奇妙文字，声音越来越生动，笑容越来越灿烂……他似乎真的看到了春天的百花盛开溪流淙淙，嗅到了醉人的馥郁芬芳；似乎真的感受到了与恋人拥抱的热烈，与家人一起烛光晚餐的融融暖意；他似乎真的获得了安宁和甜美……

他沉浸了，沉浸于诗意想象中的美好；他忘怀了，忘怀于现实的恐怖和不堪。是艺术让他获得了暂时的解脱和超越。或许，他每天这样想象着、沉浸着，就真的拥有了憧憬的力量，有了面对残酷现实的勇气和信心；或许，正是这样的想象和沉浸，扶持他挨到了解放的那一天……

艺术，是人的精神的避难所。陶渊明不堪于等级森严的东晋社会，就勾画出桃花源的幻境；罗贯中期待于出将入相而不得，就撰写出刘备三顾茅庐的传说，让知识分子诸葛亮在皇叔刘备几次三番的恭请下大放异彩……现实生活中，难免磕碰，难免挫折和失败，让我们在忧伤失意失望孤寂时沉浸于艺术吧！在艺术变幻莫测的情境里，超越于现实生活的琐碎，或创作或欣赏，该沉浸时沉浸，该忘怀的忘怀。这样，生命的长度就加大了，生命的厚度就丰满了。

乐观者
与悲观者

世界上的人，可以大抵分为两类：一是乐观者，一是悲观者。乐观与悲观，只一字之差，反映出人的世界观与方法论截然不同，当遇到挫折或灾病时，处理结果也完全两样，因而也就会有两种不同的生命质量。

悲观是瘟疫，乐观是甘霖；悲观是一种毁灭，乐观是一种拯救。悲观使生命的原野肃杀，乐观使生命的原野葱绿。悲观，是因为短视和看不清事物的本质；乐观，是因为卓识和对事物的深入了解。

一根甘蔗拿在手里，乐观者先从梢部吃起，越吃越甜，觉得人生前景肯定幸福美好；悲观者先从根部吃起，越吃越淡，觉得人生前途必定黯淡无光。

夜晚漫步星光下，抬头观望苍穹。悲观者说："星星愈亮，说明夜色愈黑。"乐观者说："夜色愈黑，星星就愈亮。"

两人同时走进玫瑰园，悲观者说："这是一个坏地方，这里的每朵花下面都有刺。"乐观者则说："这是一个好地方，这里的每丛刺上都有花。"

一年一次过生日庆贺时，乐观者说："啊，又多活了一年，生活真精彩。"悲观者则说："唉，又少了一年，生活没啥意思。"

当乌云布满天空时，悲观者看到的是"黑云压城城欲摧"，乐观者看到的是"甲光向日金鳞开"。

在看似"山穷水尽"的时候，悲观者的眼前是"山重水复疑无路"，乐观者的眼前是"柳暗花明又一村"。

面对一个新生命的诞生，悲观者首先想到的是"有生必有死，这孩子总有一天要死的"，乐观者首先想到的是"有苗不愁长，这孩子将来会长大成人的"。

当手中的水杯只有半杯水的时候，悲观者说："真糟糕！只剩半杯水了。"乐观者说："谢天谢地！还有半杯水。"

面对秋光秋色，在悲观者看来是"自古逢秋悲寂寥"，在乐观者看来是"我言秋日胜春朝"。

在天寒地冻面前，悲观者说："风萧萧兮易水寒。"乐观者说："冬天已经来了，春天还会远吗？"

"人生不如意事常八九。"悲观者只看到生活中的"八九"，不如意常不如意；乐观者却能常存"一二"，时时都能赏心悦目。

悲观者只会感叹"天有无情灾"，乐观者却坚信"人有回天力"。悲观者在一个希望中看到一个灾难，乐观者在一个灾难中看到一个希望。

悲观者说，希望是地平线，就算看得见，也永远走不到；乐观者说，希望是启明星，即使摘不到，也能告诉人们曙光就在前头。

悲观者说，风是浪的帮凶，能把你埋葬在大海深处；乐观者说，风是帆的伙伴，能把你送到胜利的彼岸。

悲观者是孤独的，乐观者是向众的。悲观者是自卑与残缺的，乐观者是自信与完美的。

悲观者总是"杞人忧天"，担心天总有一天会崩塌下来，以致无处存身；乐观者凡事都往好处想，"天塌下来，还有大个子顶着呢"。

同样是丢失金币，悲观者用它换来了烦恼，乐观者却用它买来了教训。

乐观者处处可见，"青草池塘处处蛙"，"百鸟枝头唱春山"；悲观者时时感到，"黄梅时节家家雨"，"风过芭蕉雨滴残"。

悲观者，先被自己打败，然后才被生活打败；乐观者，先战胜自己，然后才战胜生活。

悲观者，所受的痛苦有限，前途也有限；乐观者，所受的磨难无量，前途也无量。

悲观者的眼光总是专注在不可能做到的事情上，到最后他们只看到了什么都是不可能的；乐观者由于把注意力集中在可能做的事情上，他所想的都是可能做到的事情，所以往往能够心想事成。在悲观者的眼里，原来可能的事也能变成不可能；在乐观者眼里，原来不可能的事也能变成可能。

悲观只能产生平庸，乐观才能造就卓越。从卓越者那里，我们不难发现乐观的精神；从平庸者那里，我们很容易找到悲观的影子。

人生是一段旅程，悲观者只知道唉声叹气，乐观者一路欣赏风景。因而，悲观者活得沉重、疲累，乐观者活得轻松、洒脱。

乐观者使人生的路越走越宽，悲观者使人生的路越走越窄。乐观者坦荡荡，悲观者常戚戚；乐观者长寿，悲观者短命。

悲观者只知道怨天尤人，乐观者常怀感恩之心。台湾漫画家蔡志忠说得好："如果拿橘子来比喻人生，一种橘子大而酸，一种橘子小而甜。一些人拿到大的就会抱怨酸，拿到甜的又抱怨小。而我拿到了小橘子会庆幸它是甜的，拿到酸橘子会感谢它是大的。"当你也像蔡志忠那样对生活作如是观的时候，你也就成了一个地道的乐观者了。

人生是"苦旅"，也是"乐旅"，是"苦"是"乐"关键不在于客观境遇，而取决于一个人的心境。一个人只要心里有春天，就无时无处不阳光明媚；一个人若是心灵蒙上了厚厚的灰尘，就是在丽日阳春里也别想领悟到鸟语花香。一位著名的政治家曾经说过："要想征服世界，首先要征服自己的悲观。"人生在世，不如意事常八九，如果一味地沉溺于不如意和忧愁中，只能使不如意变得更加不如意。既然悲观于事无补，那我们何不换个角度，用乐观的态度来对待人生、善待自己呢？何不做个乐天派，天天快乐时时快乐呢？做个乐观者真好！

为别人
打拼

　　因为工作的关系，我在一个教育慈善基金会拥有了一群好朋友。每次见面，我的心都被感动涨得满满；每次离开，我都已在脑中拟出了一份繁复的行动纲领，一些原先看起来绝对不可能的事，此刻变得让我勇于尝试。

　　基金会的会计绰号叫嘟嘟，是一个快乐的女孩儿，每次见她都是笑笑的，我跟她说："嗨宝贝，你有一张让人忘忧的脸。"她说："跟着姚秘书长干，不由你不开心哦！"说着，冲高大温煦的姚秘书长扮个鬼脸，姚秘书长则报以长者亲切宽厚的微笑。

　　嘟嘟跟我说，对基金会而言，收到善款和发出善款的日子都是节日。"你知道吗？基金会在有大进账的日子里，我会唱歌的！"说完，自己先笑得没了眼睛，听到这句话的人也都哈哈大笑起来。

　　"似乎有什么故事吧？"我问嘟嘟。

　　嘟嘟点点头，讲起了这个故事。

　　那是我刚参加工作的时候，每天都盼着有进账，盼着有大进账。虽然前辈告诫我说："善款不能分额度大小。几百万元可能只是一个人财产的九牛一毛，而几百元却可能是一个人的半份家产，在爱心的天平上，它们是等值的。"话虽这样说，我还是觉得大额进账更能调动我的兴奋细胞。

有一天，很晚了，我接到一个电话，忙问对方："先生，您是想捐款吗？"对方沉吟了片刻，说："我不是想捐款，我想让你帮忙找一下你们的理事长。"我有些不高兴，但还是耐着性子将理事长的电话号码告诉了他。我跟对面办公的刘老师说："唉，看来今天我们不会有进账了。"

没想到过了一会儿，理事长竟激动万分地跑到我们中间，说："进账，进账，今天有大进账！"我冲到他跟前问："100万？"他欢笑着说："还要多！"——啊！还要多？"200万？"我问。理事长居然说："还要多！"我不由自主地欢呼起来，说："再多，我……我就要唱歌了！"大家团团围过来，问理事长"大进账"究竟是多少银子。理事长说："大进账只能进银子吗？刚才有一位先生打来电话，自报了家门，竟是我久仰的一位大儒商！他说，他刚刚过了60岁生日，打算退下来了。他身体棒，脑子清，有爱心，一直关注并欣赏我们的基金会，还曾以匿名的方式多次为我们基金会捐款。这一回，他决定不捐财物了，他要向我们基金会捐出一份特殊的礼物——10年的岁月。从60岁到70岁，他来基金会打工，分文不取！"大家激动地鼓掌，而我也欣然践诺，放声高唱基金会会歌。

想知道这位捐出 10 年的先生是谁吗？他就是我们的姚秘书长啊！

嘟嘟的故事讲完了，我的心却执拗地停在那"大进账"的欢悦中不肯回来。午餐的时候，我与姚秘书长对坐用餐。他不停地问我："需要汤吗？要不要再添点米饭？"温煦体贴，犹如父兄。他有一张名片，职务栏只有简单的两个字："义工。"

他来自台湾，却甘愿为大陆的贫困孩子奉献 10 年光阴。从花甲到古稀，多少人专心养生，多少人放浪山水，多少人含饴弄孙，但是，姚先生却毅然选择了为不相识的苦孩子奉献 10 年光阴。

姚先生告诉我说，他是被基金会的宣言感召来的，基金会的宣言是："我们的一生，大部分的时间在为自己及孩子打拼，但在我们离开世界之前，总要留一点时间及金钱，来为那些我们不认识的人打拼，这样生命才更丰盛，才更有意义。"

往阳光灿烂
的地方走

"唉，真的活不下去了。真不晓得，你怎么还能这么兴致勃勃地活着？好像什么事情都为难不倒你，你有一种企图要破除万难的阳光性格，教教我吧。"

深夜，近来失恋又失业的朋友写 E-mail 来诉苦。我知道她只是发发牢骚而已。

这些年，我听到这种感叹的机率愈来愈高。突然想到我出第一本书时，有一位报社的特约记者来采访我，稿子的第一句话就写着："像她这样的一个人，能好好活到现在，真是一件不容易的事。"隔了这么多年，回想起来，不得不佩服她的先知先觉。

20 出头时，我也十分骄傲，骄傲到完全没有意识到自己骄傲的地步。至于我到底在骄傲些什么呢，到现在，连我自己也不知道，应该就是"半瓶醋响叮当"吧，自以为不同凡响，又不知道怎样才能让自己轰轰作响的人，总是最骄傲的。涉世未深的人，因为眼界未开，心胸也不大，最不可一世。

当时我并没有看清，我的个性里装满了毁灭性的引燃物质：

钻牛角尖、急躁（这两种性格其实是相容的）、冲动、任性、死要面子、害怕批评又一意孤行……连我自己都觉得自己难搞，别人怎么可能不觉得我难搞呢？

我与生俱来的好处只有一个，叫作意志力坚强。接下来有几年，她的诅咒灵验了。踏出校门后，我几乎没做过任何选择，不管是感情上的还是工作上的，把自己的人生搞得一塌糊涂。大约有一两年的时间，我完全笼罩在一团槁木死灰的迷雾里，消沉到每天只穿黑色衣服出门、晚上独自喝闷酒入睡，好像没有一件事情让我愉悦。每天只像在忍受生活一样地活着。

我想那时我离忧郁症只有一步之遥了。还好再怎么绝望的我，到底还心存写小说的欲望，每一个还没有完成的故事，都是我惟一的希望，我就像陷在井底的人，抓住了一条绳索，起先，我也不相信那条绳子会让我看见阳光。但因为无事可做、无法可想，我只有抓着绳子一步一步练习爬行，朝着有微弱光芒的方向去，忽然有一天，我发现，阳光强到让我睁不开眼睛。

这段攀爬的过程持续了很久很久。30 岁以前，我简直历经过人生各种失败、生离和死别，所庆幸的是还有一口气在，所以还能够活出另一种可能性。

"唉，真的活不下去了。"如果朋友们真的需要忠告的话，当他们对我发出这类的感叹时，我总是想这么对他们说：活着是需要一点耐性的。活得久，才能站在小山头上，欣赏自己走过的崎岖路线。

人的困境可能会持续很久，但在面对人生困境时，我所能做的最好的事，就是找些事做，然后等待转机。别想马上扭转乾坤。我得把意志力转化成耐力。

我很感谢，在最绝望的时候，我'钻牛角尖'的 A 型性格，都会很识相地躲了起来，会有一种声音教我：试试别的可能。任性急躁的人其实有一个优点，在不得不做的时候，勇气通常会打败恐惧。"怕什么，就做吧。"

急着寻死，不如急着求生。后者其实是比较容易的。急于求生，慢慢地，就会拥有阳光性格。这是饱经磨难后最好的礼物，虽然这不是每个饱经世事的人都能获得的，但是如果只一味消极地等待转机，没有尝试为自己坚持一些什么，受到再大的折腾，终究只会愈来愈虚无。

"好像什么事情都为难不了你，你有一种企图要破除万难的阳光性格。"慢着，我身为一个人，不可能"只"拥有阳光性格。其实，我有我的阴暗面，我的基因里，还住着一个爱钻牛角尖又急躁的人，冲动、任性、死要面子、害怕批评又一意孤行的性格也不可能消失。

每当困境出现时，我心里各种负面的情绪会像"乱世里盗贼出没"一样地难以控制。喏，一个习惯于面对太阳的人，必须了解，影子都藏在后面，别人看不到的地方就有我的阴暗面。

只是我现在比较懂得安抚自己的负面情绪：镇静一些，有耐性一点儿，且看看命运怎么盘旋。活得久，才能站在小山头上，欣赏自己走过的崎岖路线。

一个人，可以没有未来目标，不描生涯规划蓝图，但须记得当阴暗降临时，只要有机会，就要往阳光多处走，还是可以走出灿烂温暖的人生的。

做最好的自己

我一直梦想着自己的人生会有一些美的东西。

老师告诉我，请去看看一朵花是怎么做的。

我去看含笑花，看百合花，看栀子花，看玉兰花，每一种花、每一朵花都是不同的，都是美的，我比较不出谁更美，谁更值得我喜欢。

老师说，我解释得再多也比不上一朵花的启示。你的感觉是对的，每一种花都没法取代另一种花，相同种类的花也是这样，"另一种物种没法取代才构成美的条件"。美的人生同样如此，无论是谁都没法取代你自己，笃定地做自己就是大美。

笃定做自己。

这句话让我如梦初醒，感到一阵心灵的震颤。多少个日子被我白过了，我想成为这个，又想成为那个，反而常常忘记了做自己，一个没有独立思考和内心生活的人，怎么会是美的呢？

那么，请让我回来做自己吧。

卢梭说过，上帝把一个人造出来后，就把那个属于他的模子打碎了。

因此，没有第二个"你"，也没有人能够代替你感受人生。你对自己不满意，或者总是按照别人的意见生活，丢掉原点去盲目改变，去习惯模仿，去刻意顺从，都是不会成功的，都是不美的。因为所有的模子在生命诞生后都被打碎了，你不可能另起炉灶，再造模式。

即便能造，人造的模子也是僵死的，在造成的时候就意味着僵死，是更需要打碎的——难道这种模子比上帝的模子还完美吗？

经书上也讲："一个人得到了整个世界，却失去了自我，又有何益？"因此，人的最大觉醒难道不是——你看到了自己，看到了人吗？

很多人认为美只在身外，采到一朵花就是得到花的美。这是不对的，看到自己的美，实现自己的美，才能发现身外的美，才能知道怎样会让生命同美共长久。

不但能够笃定地做自己，也能够让一朵花笃定地做自己，而不是采走它独自占有，这才是美与美的相依共生、天长地久。

笃定地做自己，就是要回到自身，回到生命的原点，回到一朵花，回到树木之下、阳光之中，然后从容地活、慢慢地活，相信万物与人的善良互爱，相信生命和心灵世界，相信永恒价值和美的力量。

有人说："从容本身就是优美的，从容中自有一种神性。"

所以说，不是越忙碌越拥有自我，越富有越显得美。恰恰相反，很多人都是越忙碌越失去自我，越多占有越不够优雅。

为什么会这样？

一位作家讲，美最大的敌人正是"忙"，"忙"这个字讲的就是"心之死亡"。一个人越繁忙，他的心灵就越枯竭，感觉就越迟钝麻木，又怎么会发现星月之美、山川之美和天地之美呢？

你见过忙着改变自己、心绪多多、四处扩张的一朵花吗？

花以笃定绽放为美，花以捍卫自我为美，花以我与时光相偎相依、动静协和为美。

忙对于很多人来说已经成为常态，问题是他们认为常态就是正常，不忙才是异常，他们连忙里偷闲都做不到了。

那么，这么忙、那么忙，到底为的是什么？

应该看到，很多人的忙都是误认为外部世界就是一切，因为恐惧错过而马不停蹄，匆匆追赶。可是事实是，我们接触到的外部世界永远有限，外边的任何东西都不能彻底解除我们心灵里的饥渴。

觉悟到外部世界的有限，在忙碌中保持一份从容淡定，找到并守望自己，不再追求场面上的东西，而是回到最初，细致的生活。相信细微事物的力量，让岁月静静地沉淀，缓缓地流逝，自然而然地衍生出一种精神上或者物质上的财富和不可替代，那时候是真的美，真的幸福，真的拯救。

"你的人生是否有意义，衡量的标准不是外在的成功，而是你对人生意义的独特领悟和坚守，从而使你的自我散放出个性的光华。"

所以，活得像一朵笃定、美丽的花，甚至像花那样没名没姓，却真实而长久地做了一回自己，有创造、有智慧、有心灵的满足、有真正的信仰，这里面还能有什么空白和遗憾呢？

让你
被世界看见

只要用心去发现，

平凡生活会更精彩。

在青春的世界里挥洒智慧的种子，

因为创意，

一切便皆有可能。

创意带来
的财富

"孤山寺北贾亭西，水面初平云脚低。几处早莺争暖树，谁家新燕啄春泥。乱花渐欲迷人眼，浅草才能没马蹄。最爱湖东行不足，绿杨阴里白沙堤。"白居易的一首《钱塘湖春行》生动地描述了早春漫画西湖边所见的明媚风光，让人们愈加对外出踏青的喜爱和向往。

初到日本，陈宛如和家人兴高采烈地一大早出去，想领略一下异国早春的风光。可没想到的是，日本的早春，并没有想象的鸟语花香，倒是空气中不知飘荡着什么东西，弄得人鼻子痒痒的，喷嚏不断，只能打道回府。当陈宛如把这个事情讲给日本朋友慧子时，慧子竟然笑弯了腰。

原来日本在 20 世纪 50 年代，为了防止山体滑坡，政府鼓励市民大面积种植杉树。杉树一到春天就进入授粉时期，飘荡的花粉让很多人患上了花粉病，更别提外出踏青了。"难道你没看见大家都戴着口罩吗？"慧子问陈宛如。这时，她才注意到慧子耳边挂着一个大大的白色口罩。

慧子告诉陈宛如，日本人戴口罩已经和饭后刷牙漱口一样，成为人们的基本卫生习惯。日本人戴口罩是为了抵御每年春天到处飘荡的花粉，而且在寒流多发季节时，出门戴上口罩防止传染他人，也可防止自己被传染。

接着，慧子埋怨道："这些口罩千篇一律，都没有自己想要的图案。"慧子的话令陈宛如灵光一现，何不自己动手设计呢？当她把这个想法告诉慧子的时候，慧子也兴奋起来。接下来，她们先做了一个问卷调查，发现很多年轻人都喜欢将口罩融入装饰风格中。有个女白领说要是口罩和她的豹纹高跟鞋相呼应，那就更加完美了。有个女学生想要印有 hello kitty 的图案等等如此潮流想法。

调查出来的结果让陈宛如意识到这是一个巨大的商机。陈宛如在慧子的帮助下立即付诸行动，马上联系生产口罩的厂商，因为单量少，厂商们都不愿意生产。跑了好多家，终于在她俩苦口婆心的请求下，一家厂商答应生产。陈宛如让他们根据女性不同年龄段印上不同流的图案。

当这批口罩投入到市场上后，立马销售一空。陈宛如又马不停蹄地赶制了第二批，却发现来买的人寥寥无几。原来，厂商们见有利可图，都在生产这种带图案的口罩，市场上已经出现供大于求的场面。面对这批将要滞销的口罩，陈宛如犯难了，正当她一筹莫展，想破脑袋怎么处理这些口罩时，一位年轻母亲抱着自己的宝贝来问有没有小一点的口罩。年轻妈妈的话打开了死结，又一个点子立刻浮现在陈宛如的脑海里，这次把目标瞄准了婴儿，并把口罩设计成一些可爱的形状。当婴儿口罩生产出来时，陈宛如立刻被色彩鲜艳，形状可爱的口罩给吸引了。果不出所料，婴儿口罩一上市，立马得到年轻妈妈的青睐。

接下来，陈宛如一连开发出好几种产品，比如专门为戴眼镜的人设计的口罩，这种口罩在上端留出了鼻梁的位置，戴上去鼻翼两侧被贴合得很好，以防止鼻子呼吸的热气使镜片模糊。还有活性炭口罩，活性炭口罩很受人们的欢迎。在这种口罩很轻，感觉呼吸和没戴口罩时一样顺畅。这种口罩加入一层含活性炭的纤维层，可以吸附人呼出来的二氧化碳，口中气体等，使口罩内始终保持干爽，并阻隔空气中的灰尘微粒。尤其适合在看电影、坐飞机等长时间密闭空间和人群密集的情况下使用。

一连串的另类设计和新产品的开发让陈宛如赚了个盆满钵满。

古人曾说，处处留心皆学问，做生产是同一个道理，身为生意人，自然应该在日常生活，或是工作当中，工作之余处处留心和注意，是否有自己可做的生产，这需要花很大的心思在做生产这种事情上，一旦发现有合适的生产可做，可立即付诸行动，一定可以做出自己满意的成就。如果这样的事情多了，自己做生意的路子自然就更宽了。

次果
翻身记

　　几年前，她从中国的一所名牌高校毕业后，以留学生身份来到新西兰的惠灵顿市。紧张的学习之余，她在学校附近的一家餐馆打工。

　　新西兰是一个如诗如画的岛国，不仅风光绮丽，气候独特，而且盛产闻名世界的奇异果。这种水果表皮光滑，顶部有一个"鸟嘴"，酷似该国的国鸟，它口感香甜多汁，果肉色泽诱人，还有独特的瘦身、美容功效，果品畅销全世界70多个国家和地区。因此，成为该国独有的"国宝"。

　　为维护奇异果的"国宝"形象，新西兰政府规定，只有体形圆润，毫无瑕疵的一级果才能出口。为此，全国打出统一品牌，统一标准，统一包装，任何果农以自己的品牌出口销售都被视为违法。但因为该国人口仅400万，对水果的消费能力十分有限，标准又太高，淘汰下来的大量"次品"价格便宜得惊人，甚至白白烂掉，这可愁坏了当地果农。

　　细心的她发现惠灵顿市的白领女士偏爱口感好、有养颜功效的欧洲红酒，但价格贵得惊人。她在老家跟父亲学过酿酒手艺，看到新西兰盛产的大量奇异果次品白白丢掉，十分可惜。于是，她买来新鲜的奇异果进行清洗、晾干，按比例放入冰糖、粮食酒、酵母，经过严格消毒、密封，发酵40天左右，再加入麦芽糖储藏一段时间，果酒酿成了。柔软细腻，醇香可口，酒香醉人。她热情邀请自己熟悉的本地人品尝，口感、味道可与欧洲红酒相媲美，得到人们的交口称赞，这让她信心百倍。

2005年8月，她与一位朋友合作在惠灵顿市开了一家"果酒自酿坊"。同时，她还开展了一项独特的业务：在这里既可以喝到现成的果酒，还能自己动手酿造。消息传出后，人们怀着好奇的心态纷纷光顾。她手把手地指导人们进行洗、晾、切、拌等工序，然后放入精美的玻璃瓶里，经过封存发酵，果酒金黄，晶莹透亮，口感醇正。渐渐地，很多当地人都喜欢体验自己酿酒的过程，尤其是周末和节假日，不少女白领三五成群地结伴而至，有的甚至全家上阵，好不热闹。就这样，她的"果酒自酿坊"在惠灵顿市渐渐有了名气。这一年，除去各种开支她净赚27万美元，在异国淘到了人生的第一桶金！

在生意场上，初试牛刀，喜获成功，她倍加振奋。2006年夏天，她产生了一个大胆的想法，决定办一家黄金奇异果酒厂。她想借助新西兰国家品牌的影响力将果酒迅速推向海外市场，同时也能解决积压在果农手里堆积如山的次品果，这岂不是一举两得的好事！但办酒厂需要大量资金，她根本没有这个实力，经过一番奔走游说，温州三泉公司老总刘松平先生最终答应与她合资，并负责开发果酒在国内的销售市场。她在几位华人老板热心帮助下，很快拿到了有关批文和生产许可证。

2007年年初，这种包装精美、口味独特、价格适中的新西兰奇异果酒，在上海和深圳两地率先亮相，因为极具特色，一上市就深受消费者喜爱，很快打入澳大利亚、泰国、日本和菲律宾等国市场，受到人们的狂热推崇。2008年北京举办奥运会时，仅在一次酒品博览订货会上，她就一次性拿到3000多万元人民币的订单，令一些欧洲红酒商羡慕不已。

次果酿成黄金酒。如今，她的个人资产已超过500万美元，成为当地华人圈里赫赫有名的华人女总裁、女强人。

她就是合肥的孟晓丽，"80后"留学生，一个新鲜创意成就了她的成功梦想，让她从才女变成财女。

把兴趣
进行到底

他出生于大连市一个普通的知识分子家庭。从小学到初中，他的学习成绩都是一般般。他也从来没有梦想成为什么家，只想快快乐乐地生活。直到有一天，他发现了数学王国里的乐趣。

那是他刚上初中不久后的一个星期天，父母都在单位加班。他百无聊赖，便在母亲的书柜里捣腾，希望能找到一本自己爱看的书。可是，母亲是搞工程设计的，书柜里面全是一些工程类的专业图书，没有一本是他能够看懂的。正在他失望的时候，一本发黄的书本掉在了地下。他弯腰捡起来，简单地翻了翻，便一下子爱上了它。

这是母亲读大学时候的初等数论课本。数论就是研究整数性质的一门理论。他对整数并不陌生。因为，学校里正在教整数、分数、有限小数、无限小数。不过，老师讲的都是一些概念化的东西，听起来有些枯燥。可是，这本书为他揭开了那些枯燥背后的秘密，让他欣喜若狂。

他开始偷偷地自学，常常把自己关在房间里自学到深夜。有些懂，有些似懂非懂，有些根本就不懂。而这一切就像是一块磁铁，深深地吸引着他。他没有向妈妈请教,而是一个人默默地思考。他按照自己的思维去理解,去探索,去研究。每揭开一个"秘密",他就兴奋得难以入睡。

沉浸在数学王国里的同时,他的学习成绩却在下降,有几科甚至亮起了红灯。母亲严厉地批评了他,可他没有退缩。不久后,母亲察觉了他的秘密。上初中的儿子竟然在偷偷地自学大学的初等数论,而且是如此的成功,于是她什么也没有说,只是把自己所有的数学书籍从书堆里扒出来,摆上了书柜。

母子俩各自保守着心中的秘密。他在探索与兴奋中度过了初中,高中,直到把母亲书柜里面的所有数学书籍全部学完。高中毕业,他考上了中南大学数学与计算机学院。这时候,母亲才长长地舒了一口气,悬着的心终于落了地。

大学的学习环境比起初中、高中来说,要宽松得多,他可以光明正大地在数学王国里遨游。只是,课堂里的那些知识已经满足不了他。

他发现图书馆里的外文数学书籍很有意思。这些书籍就好像是为他打开了一扇通往世界数学论坛的窗户,让他如痴如醉。他泡在图书馆,一坐就是一天。有时候,他还把那些外文书籍借出来,带到公寓里认真研究,独自享受。

他的学业成绩并不是最好的,就连他所钟爱的数学,也从来没有名列前茅。不过，在做题的时候，他偶尔会用到一些连教授都想不到的解题方法。教授们只是惊讶，似乎没有对这位"一般"的学生注入太多的关注。可是，这并不影响他对数学的爱好和研究。直到有一天，他的研究获得了数理逻辑国际权威杂志《符号逻辑杂志》主编、逻辑学专家、芝加哥大学数学系教授邓尼斯·汉斯杰弗德教授的高度评价，他的数学天才才引起了中南大学以及中国科学院的关注。

这一切都来源于他的一篇论文。他在阅读外文数理资料时发现了"西塔潘猜想"。这是一个世界数学顶尖难题，"猜想"由英国数理逻辑学家西塔潘于 20 世纪 90 年代提出。20 余年里，世界许多著名数学家对"西塔潘猜想"进行过研究，试图找出答案，都以失败告终。

2010 年 10 月的一天，他想到用之前想到的一个方法稍作修改便可以证明这一猜想，心脏都快蹦到嗓子眼了，按捺不住内心的激动和兴奋，通宵达旦地把这一证明写出来，寄给了《符号逻辑杂志》。就这样，这道困扰世界数学家的难题被一位大三的"一般生"破解了。

他的名字叫刘路，如今中南大学的大四学生。刘路出名后，三位中国科学院院士联名给中国教育部写信，推荐他直接读博或者硕博连读。国内知名数学家、中南大学博士生导师侯振挺教授收他为徒弟。他开始朝着更高的数学顶峰迈进。

成功就是不放弃

她从小就够努力，可命运却总是跟她开玩笑。

为了能读书，她 6 岁起就开始帮父母干活。到了卖柑橘的季节，她常常凌晨两三点钟就得起床，走 5 公里多的山路，帮母亲把柑橘背到街上，然后再赶到学校上学。即使这样，上到初中还是被迫辍学了，因为家里还是供不起她念书。母亲说，我的这个娃儿几乎都是饿大的，不是喂大的，命惨。

为了改变命运，她做过建筑工人，摆过地摊，卖过小火锅，承包荒山种苦竹，养鸡、养猪……她尝试做过几十个项目，但都以失败告终，连她自己也记不清到底经历过多少次失败。

"一定不能倒下，一定要站起来。"每次失败，她都这样宽慰自己。

直到有一天，一个偶然的机会，她吃到了一种口感特别的蔬菜，这让她预感到命运有了转机。

那是她的家乡四川宜宾极为常见的一种蔬菜，叫大头菜，是芥菜的一种。不过她吃到的是一个叫陈家华的朋友用祖传的手艺腌制的，味道非常独特，兼具麻辣咸香脆的特点，但又不像传统的腌制大头菜那么咸，甚至可以当零食吃。她想，如果能把它开发成产品，一定会有很多人像自己一样喜欢吃。

她向陈家华提出了合作开发大头菜的想法，没想到对方一点商量的余地都没有，一口就回绝了。原来陈家的手艺是祖传的，陈家祖上有规矩，腌制大头菜的独门绝技都是直线单传，即使没有孩子也不允许外传。

这样的拒绝，并没有让她灰心丧气，因为她早已历经失败的磨砺，已不会轻易地回头。

她频繁地去陈家，却没有死缠烂打地天天讲合作的事，而是只帮忙做些家务，扯扯闲天。时间长了，她与陈家人越来越近，终于有一天，陈家人被她的诚意打动，同意合作办一个大头菜加工厂。

初战告捷，她很兴奋，立刻用东拼西凑的 4 万元购进了 7 吨大头菜，就在她的家里开始了把大头菜做成产品的实验。

传统制作腌菜的方法，是将大头菜一个一个串起来，挂在院子里自然风干。成吨的大头菜都挂起来，显然太耗费人力了，为了省工省力，他们决定改进工艺，全部平摊着晾晒。七八天后，当她兴致勃勃地拿起大头菜查看时，瞬间心里就凉了半截。原来朝下的一面，因为不能跟空气接触，都腐烂变质了。

7吨大头菜，没等腌制就全部扔掉了。不过原因是明摆着的，她没有气馁，四处筹款，再次购进了5吨大头菜，并研究调整晾晒方法。这次他们专门制作了一个铁炉，希望在大头菜霉变之前就进行烘干。然而，梦想很丰满，现实却很骨感，实验还是失败了，大头菜一吨接着一吨地被倒掉，借来的钱也跟着全部打了水漂。

血本无归是一种什么样的感觉呢？心痛吧，难受得不行，朋友想打退堂鼓了。她也心疼，但她没路可退，虽然没有足够的资本，但她有足够的外债。

在她的坚持下，实验再次启动，只是回归了最原始的办法——人工串挂晾晒。为了节省人工，她成了主要劳力，为了最后的希望，她几乎拼尽全力。有时干到清晨，大家都受不了，倒下睡了，她非要把手头的菜串完，指头都串破了，她也没哼一声。

串完的大头菜需要挂在架子上，经过20天的晾晒才可以做腌菜。最原始的方法竟成了唯一的方法，晾好的大头菜，终于做成了产品。当那麻辣鲜香的味道浸满她的口中时，她禁不住热泪盈眶。

实验成功，她再次举债，一下子就买回了10吨大头菜。一串串大头菜挂满了架子，就好像一道迷人的风景线，她觉得梦想的财富离自己越来越近了，然而命运跟她开的玩笑，还远没有到头。

2007年3月，持续降雨引发的大水突袭了她的工厂，10吨快要腌制好的大头菜全部被水淹没。几天后，大水退去，留给她的是一片狼藉。所有被水浸泡的大头菜不得不扔掉，成车的菜被拉了出去，她的心也跟着碎了，此时的她已经身无分文，还欠下了一屁股债。回到家，看见年迈的父母，她无言以对。

她不怕吃苦、执著追求的精神赢得了合作伙伴的信任，陈家华的家人伸出了援手。在历尽艰辛之后，2008 年初，承载着财富梦想的大头菜产品终于问世了。短短几年间，她们的销售收入就达到了 2500 余万元。

她就是宜宾市华锐食品有限公司的董事长施正琴。

对于那些正在创业的旅途中苦苦思索成功秘诀的人来说，施正琴或许给出一份令人欣慰的答案，她说："机会对每一个人都是一样的，失败并不可怕，可怕的是，倒下去，就不想起来。"

成功是什么？成功就是，失败了，却从不放弃。

羊粪里
的秘密

你见过山羊上树吗？你知道山羊上树能让一位贫苦的孤儿一夜之间成为富甲一方的老板吗？

在摩洛哥一个名叫达鲁丹的小镇上，有一位少年名叫安德烈，父母在他 12 岁的时候就双双去世了，他孤苦无依，准备流浪他乡。好心的邻居大叔皮埃尔收留了他，并买了几十只羊让他代为放养，幸运的小安德烈这才有了栖身之所。

一个骄阳似火的夏日午后，安德烈赶着一群羊来到了远离小镇的山坡上。天蓝得透明，太阳像发疯的火球滚过大地，地面上爬满了干涸的裂纹。已经好几个月没有下雨了，地面上的草被羊吃得一干二净，露出了一片片尘土飞扬的褐色土皮。

安德烈把羊赶进了一片阿尔甘树丛里，他又累又渴，就躲到了稀拉拉的树荫下休息。

阿尔甘树，是本地的一种坚果树，树上零星挂着一些类似于橄榄的坚果，但是这些坚果并不好吃，一直无人问津。由于炎热而严重缺水的树叶也在毒辣辣的阳光下显得无精打采，令人昏昏欲睡。不一会儿安德烈就进入了梦乡。

忽然，一阵窸窸窣窣声把他给惊醒了，他睁开眼睛一看，立刻惊得跳了起来。安德烈发现他的羊都不见了，他赶忙四处寻找。这时，忽然头顶上传来了一阵咩咩的叫声，他抬头一看，眼前的一幕令他惊讶不已：哦，上帝呀，这简直是个世界奇观，他的羊全都爬到了树上，正在树上吃树叶寻坚果呢。有的还在枝丫间跳来跳去，真是不可思议！原来地上的草都被羊给吃光了，这些羊饿极了，就爬到了矮小的阿尔甘树上。

此后，安德烈每天都把山羊赶到这些树上来放养。后来，当看到这些羊像猴子似的在树上跳来跳去时，他灵机一动，若是把这一奇景拍下来，寄到报社去，准能引起轰动。说干就干，他精心拍了一组照片，并立刻寄给了当地的报社，果然引起了巨大的反响。一时间，山羊上树，成了人们争相谈论的话题。

但是，细心的安德烈并没有陶醉于他的这一发现。山羊上树的新闻报道后，不少专家解释说，当地的阿尔甘树的果仁非常珍贵，可以榨油用来烹饪和美容化妆，不仅口味独特，具有抗衰老作用，甚至还有按摩、催情的功效呢。后来，在放羊之余，他就留心观察山羊吃了树叶和坚果后拉出来的粪便，他发现坚果被山羊吞食之后，其中的果壳是无法被消化的，会随着山羊的粪便排出体外，每个坚果壳里都会有好几个果仁。

　　"要是将山羊的这些粪便收集起来，将其中的果仁分离出来，一定能够卖个好价钱！"安德烈心想。

　　于是，每天黄昏，在夕阳金色的余晖中，小镇上的人们总会看到一个年轻人弯着腰，正在专注地捡拾山羊粪便。皮埃尔大叔也时常抱怨，他捡拾回来的粪便弄脏了住处，并多次警告他快将这些粪便处理掉。这时候，安德烈总是一言不发，埋头拨弄着那些肮脏的粪便。

　　没过多久，寂静的小镇上突然来了一位老板，出高价从安德烈的手中买下了那些从山羊的粪便中分离出来的果仁，并预先支付了高额现金，要求安德烈以后专门为他搜集这种果仁。那些看起来肮脏的山羊粪便竟然化作了滚滚财源，很快，安德烈便由一个放羊仔一跃成为了小镇上的大富翁。安德烈给皮埃尔大叔建了一幢别墅，算是对他多年来养育之恩的答谢。安德烈还买下了这片阿尔甘树林，他在小镇上建了一个榨油厂，自己独立生产提炼这种罕见的坚果油，生意越做越红火。令人惊奇的是，安德烈仍旧每天放羊，每天清晨他和皮埃尔大叔早早地就把羊赶到那些枝叶扶疏的阿尔甘树上去。有人不解地问安德烈："你直接把那些坚果摘下来不就得了！费那么多事干吗？"安德烈只是笑了笑，不作回答。山羊上树的消息越传越广，引来了大批的记者，许多游客也慕名而来，只是为了一睹山羊上树的独特景观。不久，小镇渐渐地就被安德烈打造成了一个有名的旅游风景区。面对记者的提问，精明的安德烈笑着说："不去直接摘下那些果子，是因为山羊上树这一奇观本身，也是一笔不可多得的财富……"

山羊上树造就了安德烈的成功，同时也告诉我们，这个世界没有什么不可能。也许，正如他所说，商机无处不在，关键在于你如何去把握和发现。

找到属于
自己的香味

她是一个私生女，母亲在她 12 岁那年去世，父亲也抛弃了家庭。她在天主教堂的孤儿院度过了 7 年，与她相伴的是孤寂与无助。从 20 岁开始，她在针织店当过店员，在酒吧舞台上唱过歌，也曾做过旅行推销员。虽然很苦很累，但她没有被生活的艰辛压垮。不过令人烦心的是，每天上班的时候，身上都有一股碱皂的味道，让她深恶痛绝，那就是妇女的体味。她想要改变它，用香水来驱散这种气味。

在她生活的 1920 年，妇女使用的香水只是少数几种大家熟悉的花香调。但她认为这不是自己想要的，她要做一种花香调以外的个性香水。

她只身来到盛产玫瑰的"香水之都"——格拉斯，当她满怀激情地把自己的想法说给第一个调香师时，却遭到了拒绝："我不做没有花香味的香水。""为什么？""因为没有女人不希望自己像花一样美丽，没有花的外形也要有花的香味。"

一家，两家，三家，四家……她在小城口干舌燥跑了大半天，得到答案都是"我不做没有花香味的香水。"

她尽管执著于自己的信念，但碰壁还是让心情郁闷到了极点。就在这时，朋友帮她介绍了调香大师恩尼斯。当她开口要恩尼斯替她开发合成香水时，恩尼斯还心存怀疑，但他不久就发现她心意坚定，敢于创新，而且决心要独树一帜。她对恩尼斯说："我不要有一丝玫瑰或铃兰的味道。我要人工合成的香味。在女人身上闻到自然花香味反倒不自然，这是一种矛盾。也许自然的香味该以人工合成。"恩尼斯被她打动了。

她挑出要采用的配方，样样都是精品，搭配得完美无瑕，恩尼斯简直佩服得五体投地。最后，恩尼斯将样品删减至七八种，由她细细品味、逐一比较，经过一番斟酌，她挑出第五号样品。

她说："这就是我要的，一种截然不同于以往的香水，一种女人的香水。一种气味香浓，令人难忘的女人。"恩尼斯有些担心，在当时，这种香水的配方至少含有 80 种成分，制成后的价格自然也不低廉。

香水出来后，她带回许多小瓶装的样品到自己的时装店，慷慨赠予出手大方的顾客，又叫店员将香水喷在试衣间内。隔了几天，有位客人回店内试穿新衣，便问起何处可买到这种香水。她故作惊讶状："哦，就是我前几天给你的那个小瓶啊？亲爱的，我可不卖香水。这些香水是我在格拉斯偶然的机会中买到的，连香水制造师的名字我都记不得了。我当时是想将它当作小礼物分送朋友的。"

店员一再在试衣间洒香水，而这一幕也重复上演。很多收到小赠品的"亲爱朋友"纷纷回到店内，询问香水的来源。

她发电报给恩尼斯，要他火速增加生产。谁也没想到这种香水能引起那么强烈的轰动，那些摩登女郎们像中了彩券一样，争相购买。不久，这瓶与众不同的香水使她的私人财产增加了1500万美元。

60年后，她的香水1盎司在国际上售价高达170美元，并被誉为世界上最昂贵的十种香水之一，像"流动的黄金"，与埃菲尔铁塔一样成为了法国巴黎的象征。

没错，她就是永远经典的"时尚女王"可可·夏奈尔。毕加索称她为"全欧洲最有品位的女人"，肖伯纳则称她为"世界时尚奇葩"，时代杂志把她评为20世纪影响最大的100人之一。如今，不仅她的香奈儿5号香水闻名遐迩，她的服装、饰物、珠宝、皮件同样是经典的演绎，而它的"双C"标识，则是时尚界传统与革新完美结合的象征。

有人曾问她，你的香水为什么能取得惊人的业绩？她说："因为它有独特的香型，女人不是花，每个女人都应该有自己与众不同的味道。我使香水的观念前进了四分之一世纪，我凭什么？因为我懂得如何解释自己的女人味。"每个女人在她的香水世界里都能找到合适自己的那一种。所以她成功了。

　　找到属于自己的香味，坚持下去，离成功就不远了。人生也是如此。

一个人
的精彩

那天下班，公司有个聚会，她和同事们都去了。大家玩得正热闹时，忽然发现有位男同事不见了。她想起来，因为一份报表没做好，这位新同事今天被老板批评了，心情非常不好。

出于担心，她悄悄溜出来找，发现同事正呆在另一个空荡荡的房间里，独自戴着耳机，面对着大屏幕，旁若无人地大声唱歌，那副全身心投入的样子，仿佛全世界都可以被遗忘。

她悄悄退出房间，等到同事独自尽兴而归，她发现他所有的郁闷早已不翼而飞，仿佛刚刚偷吃了灵丹妙药一般，变得精神抖擞起来。

还有一次，一位女友失恋，心情非常沮丧，在电话中冲着她抱怨："真希望能找个地方，不需要多大，只要能忘记一切，尽情唱歌就好……"

好友的话，忽然让她产生了一丝灵感。不久，她做出一个大胆的决定，辞去原本薪水丰厚的工作，自己跑去创业。经过近半年的紧张筹备，她宣布自己的卡拉OK店要开业了，被邀请来参加典礼的亲友们，禁不住目瞪口呆：这幢高大宽敞的三层楼，居然被分割成了24个狭小的格子间,每个房间的空间不足3平方米!这个小丫头到底在搞什么鬼?

面对大家的惊讶，她指指身后的广告牌说："这里，属于一个人的狂欢，一个人的世界!"原来，她从好友和同事的身上得到启发,感觉越来越多的人喜欢独处,想在狭窄的空间里得到发泄。然而，她走遍了整个东京，却找不到一家可以提供"一个人服务"的地方，这才萌生了创业的灵感。

由于广告宣传到位，很多人抱着好奇的心态来尝试。格子间的空间虽小，却设计得温馨浪漫，一台点唱机，一个大屏幕，高感知度的麦克风,让客人不用顾虑任何人,自己想唱什么就唱什么,怎么唱都可以，身心得到彻底放松。

这家被顾客昵称为"ONE卡拉"的店里，采取弹性收费的办法，白天最便宜时一小时收费600日元，晚上则调整为每小时1100日元,虽然费用比普通卡拉OK店要高一些，前来消费的客人还是络绎不绝，常常出现房间供不应求的现象，即便如此，还是有人愿意排队等候。

来店里消费的客人，从20多岁的大学生，到50岁左右的工薪白领，涉及各个层次的人群。他们认为一个人来这里很放松，既不必看上司的脸色，也不用在意朋友的感觉，十分惬意。还有不少人想唱歌，却又不好意思在他人面前献丑，"ONE 卡拉"正好提供了这样一个平台。

初战告捷，让年仅 26 岁的日本女孩松子品尝到了成功的喜悦，她决心继续发掘"一个人的服务"这块大蛋糕。于是，她相继又推出更多内容的服务，比如在烧烤店内，所有的房间都是半开放的小区域，只供一名客人用餐。每个房间桌上有一台专用烤炉。考虑到独身顾客不希望与人接触，点菜方式都是表格制，客人只需在想吃的菜旁边画一下勾，交给服务员即可。每张桌子上还设有按钮，有需要时只要按动按钮就能找到服务员。

接下来，她又推出一个人高尔夫，一个人酒吧，经营范围不同，服务宗旨永远不变：让每个想要独处的人，在宁静的空间里，彻底放下一切，享受精致细腻的感觉。

如今，松子的"一个人服务"已经在东京开了六家分店，她独特的经营理念，备受各个阶层人们的青睐。2011 年 12 月，她被评为"东京青年创业明星"。在松子公司的网站主页，一个最醒目的位置上写着她的梦想："从 ONE 卡拉开始，将一个人的精彩进行到底！"

掌握
先机

一家科技公司要招聘一名创意总监，共有 12 个年轻人应聘。公司的总裁谭女士亲自面试，她看完所有人的简历后讲了一个小故事，出了一道题：

两军交战，两个部队的指挥官同时接到上方指示：争取下一个荒废已久却具有战略价值的碉堡。军机刻不容缓，两军指挥官立即命令开拔，以超越疾行军的速度赶赴目的地。他们与碉堡的距离相同，他们的部队也都同样的疲惫，沉重的背包、沉重的武器、沉重的心情与沉重的眼皮都告诉他们：不可能以指挥官所命令的速度前进。

A 军的指挥官下令：每次停下来休息，只准 10 分钟，到时间立即前进，休克的人就任他倒在路边，其他人不必扶持也不必急救，甚至不必回头看，免得浪费了体力。

B 军的指挥官下令：一冲到底，一分钟也不准休息！为了减轻负担，除了水壶及武器，其余的东西一律扔掉，甚至连干粮也不许带，如果有敢带头停下脚步的，一律视为前线抗命，就地枪决！

A 军出发时有 300 人，到达碉堡时剩余 200 人。B 军出发时同样是 300 人，到达时只剩 50 人。谭女士的问题是：请问最终哪个军队占据了战略要地？为什么？

应聘的 12 个年轻人齐刷刷地在纸上写下答案。10 分钟后，谭女士收回答卷一一查看。12 个人中，有 9 人都回答是 A 军获胜，理由是 A 军保存了体力，而且人数远超对手，所以最终打败了 B 军。其余三人回答 B 军获胜，理由是：B 军虽然到达时只有 50 人，但一路狂奔，必定先 A 军一步到达目的地。他们可以架好机枪等待随后而来的 A 军，然后将他们一举歼灭，再占领碉堡。

谭女士宣布回答 A 军获胜的一组直接淘汰："在科技公司，抢占先机至关重要。作为创意总监，他要做的就是时时抢在竞争者前面引领手下想出最新的创意，即使是同一个创意，他也得抢在别人前面将创意内容付诸实施。回答 B 军获胜的 3 个年轻人小陈、小李和小黄显然都意识到了这一点。"

谭女士随后将目光转向这三个人："下面，我将在你们 3 人中挑出最合适的人选。同样是针对'先机'这个话题，请你们各讲一个能打动我的故事。"

小陈讲的是麦当劳和肯德基竞争中国市场的故事：麦当劳规模远大于肯德基，但他们在考察中国市场时，认为中国是一个饮食口味极端顽固的国家，因此对汉堡肯定不感兴趣，于是就此搁浅中国计划。不久之后，肯德基也派了一个首席代表来中国考察市场。这个考察人员曾在中国做过餐饮业，对中国人的饮食习惯掌握得非常透彻。他了解到北京光是流动人口就达到了几十万，如果在这里发展西式快餐，前景广阔。于是，他调查得出的结论与麦当劳的截然相反：中国绝对拥有全世界最大的西式快餐市场。小陈的故事寓意是：先机源于细心。

小李说的是俄罗斯一个服装店老板得知一家科技公司刚设计出一款虚拟试衣镜，于是立即花高价购买了一台放置在店内供顾客使用。顾客只要拿着衣服站在镜子前按动几下按钮，就能看到自己"穿"上衣服时的3D影像，因此大大节省了试衣时间，个个都满载而归。一个月之后，别的服装店也争相购进了这款试衣镜，但这家服装店早已赚得盆满钵满。小李总结故事的寓意是：信息就是先机，先机就是财富。

小黄讲了重庆一个普通创业者的故事：一个下岗女工再就业后在一家宾馆做服务员。一次，一位宾客抱怨说宾馆提供的香皂太小不好拿，问这个服务员能否替他上街买一块香皂。服务员爽快地答应了，立即满足了宾客的要求。事后，服务员从中得到启发，发明了一种"空心香皂"。"空心香皂"的中间是空的，外面包裹了一层香皂，既解决了小香皂不好拿的缺陷，又大大节约了宾馆的成本，名利双收。一个抱怨引发一个好创意，这名服务员很快申请了发明专利，成了身价数十万元的女老板。

　　三个故事结束后，小黄当场被任命为该公司的创意总监，只有小黄心里最清楚自己赢在哪里，他不好意思地向其他人解释说故事中的女老板就是眼前的面试官。谭女士说："小黄很细心，事先必定花费了一番功夫来了解公司的情况。对于这样细心而又有准备的人，有什么理由不录用他呢？"

中餐馆的
不规范服务

　　20 世纪 70 年代初，一位刚去美国不久的华侨在华盛顿经营起一家中餐馆。那时候，美国商界已经开始打造职业化的"规范服务"，所以在开业前，老板就把所有的员工都送到了培训师那里进行培训。

　　开业后，餐馆的生意一直做得不温不火，这种经营状况虽然勉强能赚到一点小钱，但绝对不可能取得什么大发展。按理说，餐馆所在的地段并不差，而且还有一个精心打造的职业化团队为顾客提供着最规范的服务，那么问题究竟出在哪儿呢？

　　有一天，老板来到餐馆的一角观察。这时，一对夫妇带着一个五六岁的孩子走进餐馆，门口那两排迎宾队伍一齐来了个 30 度的鞠躬，并齐声用最规范的职业问候语说："三位好，欢迎光临，请进！"

　　那对夫妇连看都没有看他们一眼，就径直走向了一张餐桌，特别是那个小孩子，甚至还被迎宾者吓了一跳，下意识地拉住了妈妈的手。入座后菜肴很快上桌，端菜的服务员用最规范的职业用语报上菜名。整个过程，服务员与顾客之间没有任何的沟通与交流。

眼前的情景让老板刹那间顿悟到了一点：这种刻意打造出来的规范服务，与其说是规范，倒不如说是机械，他们的服务程序如出一辙，他们的服务用语毫无二致，整个酒店就像一个机械化工厂，而顾客面对的只是一台又一台能提供服务的机器。试想，谁又会被机器打动呢？谁又愿意和一台机器去对话呢？

想到这里，老板在当天就做出一个决定，摈弃一切职业规范。例如在顾客进门时，完全不需要那种笔直立正和鞠躬，只要保持微笑请顾客入座就行了。有小孩子的话，不妨送上一句类似于"你真帅"、"你真可爱"的俏皮话；在端上菜肴的时候，完全可以用一句"它让我馋得流口水"来代替那句规范的报菜名用语；在顾客出门的时候，也完全可以用一句"我真希望再次见到你们"来代替"欢迎下次光临"……总之一句话，就是在不失礼貌的前提下，灵活自然地为顾客送上更人性化的服务。

采用"不规范服务"后，奇迹出现了，顾客开始喜欢和服务员聊天了，离去前甚至还会微笑着主动与服务员道别，整个服务过程都很温馨。也正因为如此，餐馆的老顾客一天比一天增多，生意也日益兴旺起来。

不久，当时的美国总统尼克松来这家餐厅用餐，哪怕是为总统这样的"大人物"服务，老板同样坚持采用"不规范服务"，没想到，这竟然给尼克松留下了极为深刻的印象。离去前，他甚至主动提出与服务员合影。

从那以后，老板就更加坚定了用"不规范服务"来打动顾客的信念，时间证明他的思路是正确的。在之后的40年里，他先后在华盛顿、纽约等地开设了二十余家分店，而每一家都坚持以"不规范服务"为特色。这家中餐馆就是如今闻名全美的"唐城中餐馆"，而它的老板就是如今已经年届八旬的李作功。特别值得一提的是，在为尼克松服务之后的多年里，李作功先后用这种服务打动过里根、布什父子以及奥巴马等多位总统，他们都是唐城中餐馆的忠实顾客。

不难想象，当服务被规范成一种千篇一律的言行举止时，这种"规范"也就沦为"机械"！李作功用"不规范服务"来打动顾客的智慧，值得商家们借鉴。

在别人改变
之前改变

　　1997 年的一天，在福州打工的黄鸣杰接到家里人的电话，于是他来到武汉帮助经营瓷砖的哥哥打理店面。2000 年，已掌握了一些做生意诀窍的他另起炉灶，在同一市场租了一家小店。

　　他手中就那点租店铺的钱，可他照样将瓷砖生意做得风生水起。原来他做的是一名调货经销商，即在租来的铺子里放上几套瓷砖样板，如果有顾客与他谈好一笔生意，他就到批发商那里调货，从而赚取其中的差价。

　　他赚了 20 多万元后，生意却一下子难做了。因为这样的生意门槛太低，谁都可以进来一试身手，人多了，蛋糕的份额自然就会少。于是他把眼睛盯向了上游，即做瓷砖批发。他的这一想法却遭到哥哥的反对："做瓷砖批发生意投资大，风险也大，不是我们这样做小本生意的人能够进入的。"

　　黄鸣杰把哥哥带到市场后面的一个场地，指着那些堆积如山的破碎瓷砖，对哥哥说："作为一块硬瓷砖，也必须要有'软'性子。如果瓷砖不能与房子相融合，就会被人们抛弃在了这里。"

哥哥随之眼前一亮，说："从现在开始，我就与你融合。"

哥哥倾其所有支持他，加上跟亲戚朋友借的一些钱，2001年，黄鸣杰成了福建名牌瓷砖"花开富贵"在湖北的总代理。在短短的时间内，20多个"花开富贵"瓷砖专卖店在武汉开业，销售十分火爆。

黄鸣杰说，这些成功全在于他的"融合"理念，即融合于合作伙伴。由于他有调货经销商经历，所以知道调货经销商的心理：他们没有经济实力，既要赚钱养家糊口，也需要被重视。黄鸣杰也就从尊重调货经销商入手。

他选择了几个优秀的调货经销商，让他们开办"花开富贵"瓷砖的专卖店。他为他们免费装修店面，免费提供样品、适时更换样品。这样极大地调动了经销商的积极性，让他成功地实现了人生的第一次跨越。第一年里，他就赢利百万元。

然而不到一年，又有一种新的压力向黄鸣杰袭来。2002年底，由于大打环保牌的"好美家"、"百安居"等大型家居建材超市进驻武汉，武汉瓷砖市场面临着最为严峻的重新洗牌。

面对突如其来的市场冲击，许多商家自觉或不自觉地开始与"好美家"等对抗，黄鸣杰却说"对抗不如联姻"。他在第一时间与"好美家"谈判，并顺利地进驻了"好美家"建材超市，从而也顺理成章地融合了环保瓷砖的理念。当许多瓷砖经销商在这一轮风浪中折戟沉沙时，他却让自己事业的航船驶向了更为宽广的水面。

随后，黄鸣杰顺势而为，在销售方式上开始了一次与时代的融合。2004 年，许多建材商家只专注于常规套路，即入驻小区开直销店。当时，已出现了"网络团购"这一全新的商业模式，即建材销售商们所说的"非常规套路"。

黄鸣杰很快看到了网络团购强大的生命力。"我是最早重视网络团购的商家之一，在别人都不看好的时候，我觉得这是一个好模式。"他成为在销售环节上最早的"常规套路"和"非常规套路"齐头并进的商家之一。

2005 年，随着生活水平的提高，人们有了"个性化"的审美要求，那些专业化、形象化的建材城也迅猛发展。他以其敏锐的眼光，捕捉到了这一信息，并很快与发展着的市场进行融合。在别的商家倍感超市展示空间太过局促时，他已毅然放弃了轻车熟路的超市模式，进驻了"武汉家装"、"居然之家"等建材城。

宽阔的空间让他游刃有余，他踏着"个性化"的浪潮，经营起了天然大理石、中盛玻璃瓷砖、意大利芒果瓷砖、菲鱼浦斯马赛克、新粤微晶石等品牌，以及欧琳智能厨房，而且做到集橱柜、电器、水槽等于一体，生意上又有了新的跨越。如今，他的身家已过亿元。

硬瓷砖要有"软"性子，是说既要敢于拼搏与创新，更要保持清醒的头脑。用黄鸣杰的话说，"我能在短时间实现财富的扩张，就是做到始终比别人醒得早一点，改变在别人改变之前。"

让你
被世界看见

　　便利贴能够做什么？提醒？记事？如果仅仅是用来做这个，那你可就太 OUT 了。

　　它们还可以做这个：坐在书桌前的男孩正要开始认真工作，却先打起瞌睡，当头棒喝赶走瞌睡虫，一颗心却天马行空，砖块游戏一下就 game over，再开赛车突然下起大雨，累了又跳进海里游泳……这就是台湾留美学生刘邦耀的创意动画短片，而墙上的图案正是用便利贴一片一片贴出来的。

　　2009 年，24 岁的刘邦耀尝试着把便利贴糊在墙上，搭配真人演出，简单构图，快速重复贴构图形，做出连续动作，无需语言，拍了不到两分钟的动画短片。就是这支短片刚"po"到 youtube 网上，两周就迎来了百万次的点击。刘邦耀和他的便利贴顿时火了，不但有好莱坞影星艾西顿酷奇留言推荐，连微软也想借助他的点子。美国有线电视新闻网（CNN）看到后，主动写信给他，邀请他在新节目中担任影片制作。还有美国广告公司直接邀他任职，爆红速度连他自己都被吓到，甚至笑说："一切就像车祸般突然"。

从此他被称为便利贴男孩。

其实，刘邦耀原本只是在教授的鼓励下，上传影片参加国际动画比赛，而这也是他生平第一次上传的创作。未料比赛结果还没公布，刘邦耀已红遍网络，引发了来自全球各地的网友惊呼。有人以 cool 和 amazing 来形容看后的感觉，原来便利贴也能成为另类动画元素。

虽然短片只有不到二分钟，背后的制作过程却是繁琐的。首先必须先完成计算机模拟动画，然后将画面投射到墙面上，再以人力在墙面贴放便利贴，因每秒必须要有 12 张照片，四个昼夜的时间共拍了 1000 多张照片，用了 6000 张便利贴变化构图，前后制作期长达三个月。

因为这部短片，小小的便利贴给刘邦耀带来了诸多无法想象的美好。作品 deadline 成为当年网络上广为流传的前 10 名影片之一，后来又一举拿下了美国动画影展学生首奖，并入围柏林影展，同时还带来了更多的商机。比如匡威广告，就邀请刘邦耀来制作创意性装置作品。在上海，他用五颜六色的塑料制品打造一座大都会——塑城，更是重新定义了日常生活用品的功用。就这样他用自己敏锐的观察力和动画技能，不断开发着日常用品的深层潜力。

25 岁时，刘邦耀又有了新的想法。一次他应便利贴纸厂商邀请，到公共空间制作便利贴画。但是他觉得这样的计划没什么意思，于是随口提议，他更愿意环游世界，到世界不同城市制作便利贴动画，替忙碌、经常要用便利贴提醒事情的上班族，完成到世界各地旅游的梦想。没想到厂商竟然同意了，让他带着便利贴和满脑子想法启程上路，去实现自己的环球之旅。

然而愿望虽然美好，但是不管是找景，还是找模特儿配合，或是在实际拍摄的时候都会遇到种种意想不到的困难甚至阻拦。室内创作，可以利用辅助设备，一切较容易控制。可户外需要相当技术精准度，一秒钟长度的动画影片所需工作时间为一小时。在创作现场，他和同伴必须计算好摆设摄影机的位置及高度，每次移动距离都要经过计算。

当然户外创作环境是开放、流动的，有时刘邦耀也会偷偷夹带顽皮的点子，安排自己入镜。就这样，在 40 天时间里，他带着他的便利贴小纸人在美国纽约、中国台北和意大利的罗马及法国巴黎、日本东京等 11 座城市里留下踪迹，最远还到了巴西里约热内卢。照片中的蓝裤绿鞋小纸人在世界各地或跳或蹦，或走楼梯或舞剑术，在法国街头，和美女亲吻；在美国迈阿密海滩，跟冲浪帅哥击掌，展开了一个个好玩有趣的小故事。

在刘邦耀看来，每个人都能创作，甚至是每天清晨你选择哪一件衣服，哪一双鞋子，这都是一次创作，一种态度。而他也正是这样不断在生活中创作，独辟蹊径，以创意为舵，点亮了自己的人生之海。

　　只要用心去发现，平凡生活会更精彩。在青春的世界里挥洒智慧的种子，因为创意，一切便皆有可能。

善待剩下的三个包子

李伟彤年近50，是一家钢材经销公司的经理，家有上千万的资产。

四年前的一天，他收到一个信息：东北沈阳一家很大的大公司，进行一项特大项目施工。施工需用几亿元的钢材。为使所用的钢材价廉质优，供货及时，他们决定以招标的方式，从全国范围选择三家钢材供货公司。

李伟彤带上自己公司的有关资料，就坐上火车往沈阳赶。在北京转车时，他趁这空到一个饭店里吃饭。他坐到一张桌子前等服务员上饭的时候，发现在那张桌子上吃饭的客人刚走，桌上扔着客人没吃完的三个小笼包子。

李伟彤是农村穷苦孩子出身，尽管他现在身家千万，但节约的习惯从来不丢。他抓起那三个剩包子，就很香甜的吃了下去。这时，旁边桌子上的一位客人注视着他的举动，这是位30来岁的年轻人。他感到很惊奇，因为现在经济发展了，吃别人剩饭的事是很少发生了。不但不发生，相反在饭店宾馆经常见到的是：为显示大方，吃得少点得多，整盘整盘的大鱼大肉甚至山珍海味，被倒入垃圾桶。而这个吃别人剩包子的人，戴进口名牌手表，提贵重的鳄鱼皮皮包，很明显是个有钱的人。

于是他走过来说："先生，您是钱丢了，或出差盘缠花完了吧？您看，我这里多一笼包子，原因是同伴有急事没吃走了。您看，一点不脏，您吃了吧。"李伟彤说："谢谢，但我不缺钱。我是对任何被浪费的东西感到敬畏，哪怕一粒米，一个包子。"他又说："您的包子我要了，这正好节省了我等饭的时间，我还要赶路。"说着，他告诉服务员说包子不要了，然后他将包子放进个食品袋，塞给年轻人10元钱就走。年轻人攥上坚决不要钱。他只好作罢，拱手对年轻人说："老弟，谢谢您的包子！"到达沈阳的第二日，李伟彤领了标书，填了资料。这时，他有些不安。因为他发现来这里投标的公司众多，个个实力雄厚。相比起这些公司，他的公司实力竞争力要小得多，所以他隐约觉得中标的希望有些渺茫。

很快到了公开招标的这一天，李伟彤早早就来到招标的现场。令他没想到的是，他在北京转车时遇到的那个年轻人，此时不仅坐在台上，而且坐在招标方总裁的身旁，他面前号牌上标的职务是：总裁助理。

招标很快开始，来自全国的投标者，一个接一个走上台，讲述自己公司优势。李伟彤越听越有点发虚，比起这些财大气粗的公司，他的公司确实有点不太起眼。他甚至有过退出竞争的念头，但最后他还是上场了。由于底气不足，标书他念得有点不太通畅。在他念标书的时候，那个与他有过一面之缘的总裁助理，不时在总裁耳边说些什么。李伟彤担心，他不会把自己吃别人剩包子的事，当笑话讲给总裁听吧？

　　总裁忽然说："你的标书不用再念了。"他吃了一惊，一时不知道是怎么回事。总裁又说："李先生，你的公司破格中标了。下边是要从其他公司中，再选两家的问题。"马上就有公司提出质疑，说：他的公司那么小，凭什么说中就中了？总裁说："在座的各位老总，有谁有吃别人剩饭的经历？没有。我相信，对一粒米，一个剩包子都不肯浪费，都敬畏的人，对国家大型工程的骨干材料，会当做生命来对待的。"果然，在此后的供材中，李伟彤的公司是供应得最及时的，质量是最高的。而他因此也赢得了 200 来万元的利润。

人生中的
一块钱

　　有个小男孩儿，上学很顽皮，什么都喜欢和老师对着干，老师一气之下，罚他站堂，他竟对着老师点响了鞭炮。就这样，他不得不退学。那时他正读四年级。

　　小男孩儿知道自己闯了祸，站在家门口很久，才诚惶诚恐地踏进家门。让他感到吃惊的是，父母并没有打他，也没有责怪他。他不由得松了口气。父亲只是拿过一本书，他读一句，他就跟着念一句，后来，他学会了查字典，干脆自己学起来。那些被老师禁止的课外书，他看得津津有味，感到他这样子过得不错。

　　15岁那年，他参军了。他在部队里修了5年飞机，复员后被分配到一家工厂，负责看守一个水泵。日子过得枯燥无味；后来他找到了打发这种日子的最有效的办法：阅读。他在那里夜以继日地阅读，把一本本名著装进脑子里。5年后，他从这里出走，毅然拿起了笔，开始写诗。他一口气写了很多，可是发表得很少。

　　他感到越来越迷惘。经过一段时间的考虑，他决定选一种最冷门的文学体裁——童话。让人感到惊奇的是，他非常适合这种体裁，他拼命写作，他的作品越来越受欢迎，读者越来越多，有 16 家报纸同时刊登他的作品。

他沉浸在巨大的喜悦中。一次，一个相熟的编辑悄悄和他说，报社自刊登他的作品后，销量增加了 10 万份。他心里一点也开心不起来。他的稿费依旧，不多也不少。于是他找总编论理，希望把他的稿费标准提高一块钱。"你怎么就能证明，是你的作品让报纸的销售量增加的呢？"总编的话让他无言以对。

他感到深深地被伤害了。最后，他做出一个大胆的决定。他要出版一本杂志，专门用来刊登自己的作品。这是前所未有的事，全世界都没有发生过这样的事。

消息一传出，马上遭到一阵哄笑。人们嘲笑他不知天高地厚，甚至有人断言，如果他可以坚持两年，就把自己名字倒过来写。他知道后，把原本要和出版社签合同的期限 2 年，在后面加了一个 0。出版方惊呆了，以为他在胡闹，很久才肯在合同书上签字。

就这样，在人们的一片质疑声中，这份独一无二的杂志面世了。可是，20 年过去，这份杂志仍然在发行。迄今为止，它已经累计发行 1．5 亿册，创造了一个出版界的童话。

这份杂志叫《童话大王》，他的创办人叫郑渊洁，一个我们再熟悉不过的人。

今天，人们问起这件事，郑渊洁笑笑说："我要感谢这一块钱，如果没有它，我根本不会创办这份杂志。正是这一块钱，促使我要证明自身的价值。"

　　谁也想不到，正是这一块钱，让郑渊洁受尽屈辱，遭遇不平；也正是这一块钱，让郑渊洁励志图强，打破命运的桎梏，最终登上人生的巅峰。

站着做人，
蹲着做事

站着的人不一定伟大，

蹲着的人也不一定渺小，

站着做人，

蹲着做事，

才是真正的强者

站着做人，
蹲着做事

2003 年，26 岁的招远小伙儿李朝杰下岗了，下岗后不甘寂寞的他，筹措资金和别人合作做生意，但是商海茫茫，扑朔迷离，东拼西凑的本钱刚出手便被人骗得精光。

李朝杰仿佛一夜之间苍老许多，下班后他不愿回家，感觉自己没脸面对自己的老婆孩子。可生活还得继续，无奈之下，他只能四处举债。

一个偶然的机会，他结识了一名擦鞋匠，这个擦鞋匠也是年轻人，整日乐呵呵的，完全没有自卑感，李朝杰被这个小伙子积极的人生态度感染了。"不瞒你说，这个行当投资少、风险小、利润高，一个月怎么也能挣个两三千元。"看来鞋匠对这份职业颇为满意。

我真的要做擦鞋匠吗？李朝杰不停地反问自己：我的面子往哪里搁？亲戚朋友会不会笑话我呢？他对给人擦鞋还是心有顾忌。

当晚，他和朋友去饭店吃饭，一件小事改变了他的想法。

服务员不小心把酒洒在李朝杰的裤子和鞋上，李朝杰有点恼火，心想这段时间够背的了，吃个饭也能"中标"，他刚想对服务员发火，没想到饭店老板见状马上走过来，掏出纸巾蹲下给他擦皮鞋。

顿时，李朝杰的怒火一下子被打压下去了。那顿饭他吃得很安静，一直在思考这个问题，突然他领悟到：站着的人不一定伟大，蹲着的人也不一定渺小，站着做人，蹲着做事，才是真正的强者。

第二天，李朝杰就毅然加入了擦鞋行当。在经营方式上，他打破了传统模式，将鞋摊搬进了室内，赋予"吧"的休闲与快乐，室内有图书和花草，让顾客在等待擦鞋的时候也能感受到家的温馨。

他的顾客络绎不绝，可就在他踌躇满志的时候，发展的瓶颈出现了，他对皮革的了解近乎无知。不同的皮子，特性不同，保养方式也不同，如果选错方式，对一双鞋的损害是很大的。

怎么办？李朝杰不满现状，通过朋友引见，一有时间就去制革厂、制鞋厂向工程师学习。为了保证美鞋效果，每一次使用新保养产品，他都要先拿自己的皮鞋做试验，几年下来，被他"擦"坏的皮鞋就达 300 多双。

机会总是垂青那些有准备的头脑。李朝杰终于总结出属于自己的经营方式和独有的修鞋、皮革翻新美容技术和皮革化工产品。2004 年 3 月，他前期投入的 3 万元资金全部收回，还净赚 2 万多元。

看着美鞋店发展势头良好，他果断地做出了扩大经营的决定，连续创办分店。2010年8月，他从国家商标总局申请注册了"鞋管家"商标，并向国家互联网信息中心申请备案了"鞋管家"官方网站。

目前，"鞋管家"已在全国60多个城市拥有600多家加盟合作店。在他的带动下，在全国至少有1500多残障人士、贫困家庭和大学毕业生成了他的员工。尽管如此，这位拥有600家全国连锁合作店的"美鞋王"，没有豪华舒适的办公室，还一如既往地当一名"蹲着的鞋匠"。

站着做人，蹲着做事，这样的人生可佩可敬。

走没人
走的路

    赵永是江苏省新沂市窑湾镇赫赫有名的黑鱼养殖大户，他本来在村卫生服务站当村医，捧着令人羡慕的"铁饭碗"。然而，2005 年去同学家的一次串门，却让他彻底改变了人生走向。

    那个同学有一亩多鱼塘，养了 5000 条黑鱼，当时黑鱼的价格高达 11 元钱一斤，一个周期 4 个多月就能收入 2 万多元钱。赵永一听就来了兴趣，在同学的帮助下，赵永也养起了黑鱼。结果 3 分大小的池塘，只花了 4 个多月时间，就赚了一万多块钱，比自己一年的工资还要多。赵永的脑袋开了窍，他干脆停薪留职，脱下了白色的大褂，承包了村里的 8 亩池塘，专门养起了黑鱼。那一年赵永净赚了七八万元钱，兴奋之余，他一发而不可收，又相继买了 4 个鱼塘。

    看到养黑鱼挣钱，当地人纷纷开始养殖。由于黑鱼是肉食性鱼类，喂养黑鱼的饲料主要来源于附近骆马湖出产的小杂鱼。黑鱼越养越多，湖里的小杂鱼自然就越捕捞越少，为了保持骆马湖的生态平衡，当地湖区管理部门规定，每年 3 月 1 日到 6 月 1 日为禁渔期，这也就意味着许多养殖户的黑鱼面临着断炊。

没有了食料这鱼还怎么养，就在大家都放弃养殖黑鱼时，赵永却做出了一个出人意料的举动：人弃我取，他又承包了村里的20多亩鱼塘，将黑鱼养殖面积扩大到30多亩。人们都觉得不可思议。

其实小杂鱼断供受影响最大的就是赵永，只是在人们都为饲料鱼匮乏一筹莫展的时候，赵永却开车上路了。多方考察后，他在200多公里外的海滨城市日照，找到了饲喂黑鱼的替代饵料——海鲜饲料鱼，这种产自大海的小杂鱼既新鲜，适口性又好，是黑鱼上好的饲料。

看到了匮乏背后的商机之后，赵永果断出手，拿出所有的积蓄，又千方百计地贷款，筹集了100多万资金，建起了一个500吨级的冷库。他与一家海产品加工厂签订了常年供货协议，用于储存购进的饲料鱼，除了自己用，还卖给其他养殖户，不仅保证了自己养殖黑鱼的需要，靠卖饲料鱼又赚了60多万元。

饲料的问题有了保证，窑湾镇的黑鱼养殖重新又红火起来，然而大量的黑鱼集中上市，市场已经饱和，养殖户们不得已，只能降价竞争，许多养殖户不但没赚到钱，甚至还亏了本，只得又打起了放弃的主意。

这一次，赵永又走出家门，去闯新的市场。

当他来到扬州市水产批发市场时，如同发现了新大陆一般，这里是苏北最大的水产批发市场，光黑鱼一天就销售6万多斤。兴奋异常的赵永立刻和几个养殖户各拉了几千斤黑鱼来这里销售，可呆了没两天，赵永就再也高兴不起来了。他们拉来一车鱼，要卖四五天，吃饭、住宿，既费钱又麻烦，有些黑鱼还会因时间长死掉。而且散贩卖，形不成规模。

为了解决这些问题，赵永立刻着手成立了新沂市黑鱼养殖专业合作社，赵永承诺，不仅黑鱼养殖户可以免费加入，而且社员都可以从他的冷库赊鱼饲料，条件是在卖鱼的时候，同等的价格，要优先卖给他，然后再从卖鱼款中偿还饲料钱。饲料在黑鱼养殖中所占用的资金量是非常大的，这样一来就缓解了不少养殖户的资金压力，养鱼变得包赚不赔，大家纷纷入社，赵永则获得了充足的黑鱼来源。

养鱼的赵永摇身一变成了扬州水产市场最大的黑鱼批发商，仅此一项每年就给他带来了300多万元的收入。

从一个名不见经传的乡村医生，变成当地养殖界的风云人物，赵永的华丽转身只用了不到3年的时间。赵永明白，事关他命运的两次重要提速，都是在别人看不到路的地方开始的。如果说成功有什么秘诀，那就是从别人不走的地方走出路，天地常常就在这样的时候豁然开朗。

做好
身后事

姜羽在一家电器公司做销售。因为有一股拼劲且对销售工作很热衷，所以业绩一直不错。美中不足的是，姜羽刚到这家公司，对公司的人事关系不甚了解——公司虽然规模不大，却是三个老板一起创办的，其中的一些员工分别是三个老板的亲戚，因此人际关系特别复杂。

一天，因为部门主管的随意干涉，姜羽联系好久的一个大客户泡汤了，姜羽一怒之下和主管争执起来。后来部门主管抢先给老板打了小报告，再加上他的亲戚关系，因此最后的结果是部门主管被处以口头警告，而姜羽则是记大过处分。姜羽一怒之下递交了辞职书。

但姜羽并没有一走了之，而是在一天后，交给老板四份文件，作为自己对工作的交接。第一份是关于自己本月内需要结算的各种业务上的经济往来；第二份是关于目前已经建立良好合作的单位名称，上面有每个负责人的地址和电话，甚至包括了各个老板的喜好；第三份是目前正在争取的客户名单，资料中列举了这些单位负责人的籍贯和简历；第四份是对于还没有开展业务的地区的攻关计划以及经费预算等。姜羽把这四份文件交给了老板，然后离开了公司。

让姜羽没有想到的是，就在他即将找到新工作的时候，突然接到了原公司老板的电话，请他回去谈谈。姜羽回到了公司，看到三个老板都在会议室里等待，而且公司所有的部门主管都在现场。

老板当着所有人的面向姜羽道歉，希望姜羽能重新回到公司工作。所有的部门主管都一脸疑惑地看着老板，老板打开了投影仪，把姜羽的四份文件展示出来，然后郑重宣布免去姜羽所在部门原主管的职位，由姜羽接任。

老板说："大家看看这四份文件，这些工作不要说你们做不到，就是我们也很难做到。更可贵的是，在他受到了不公正的待遇后，却依然为公司着想。这样的人才如果流失了，那是我们的损失啊！"

姜羽之所以能够受到老板的赏识，不仅在于他积极地为工作付出，更可贵的是，离职时他没有直接甩手走人，而是做好善后工作，优雅地关上了身后的那道门。

关好身后的那道门，既表现在你求职时，更表现在你离职时。

不要轻视
别人的善意

　　我现在的公司，是一家比较高大上的公司。人事部每次去校园做活动，都会带一些公司产品作为小礼品送给大家。一次校园沙龙结束后，有些学生在 BBS 交流平台上反映没有拿到小礼品，负责校园活动的是一个刚入职场的大学生。于是，有些内疚地跑去和她的经理说：有学生反映没有拿到礼品呢。经理很淡定地回了一句：So what？

　　后来这个小故事被广为流传，大家都觉得这个职场新人小姑娘非常善良可爱，还带些天真。可是我听到这个故事的时候，却第一时间想到了初入职场的我。

　　做人力资源工作，一定会或多或少接触一些做人力资源服务的供应商。我接触的第一类是提供网站招聘服务的。那时候我刚刚毕业不到半年。半年前，我还在那些网站上每天刷新简历求工作机会，半年后，当我坐在人力资源办公室里思索着到底和哪家网站签合同，踌躇和当时找工作时一样多。

　　彼时，我还在那个由两个人组成人力资源处的小学院。学院处于成长期，有招聘需求，但需求并不大，院长批了几千块钱的网站招聘费，所以能选的也不过就一家网站。当时网络招聘做得比较强大的共有两家——作为个人用户，我在求职期间在这两家网站都注册过。

两家公司的销售都认真敬业负责，公司介绍得体大方，合同条款分明，折扣和增值服务也都清清楚楚。但是我的天平很快倾向了其中一家，带着小小的私心。理由很简单，那家销售每天都会发来一封邮件，有些是分享行业内信息，有些是提供人力资源管理工具，有些是针对一些热点时事的即时评论。邮件内容虽然大多来自网络，但是看得出是用心挑选过，文字也通常写得有趣，又极少在邮件里做公司和产品信息的植入。

那种带着从容不迫的诚意，让初入职场的我如获至宝，以致有段时间，我开辟了一个专门的文件夹，存放这些邮件。所以到最后，在两家提供的产品和服务都差不多的情况下，我毫不犹豫地选了这一家。

因为选择的真实原因并不源于比价的结果，我心里始终带着小小的愧疚。在和第一家签了正式合同之后，我很认真地给第二家一直联系的销售经理写了一封邮件。我还记得那封邮件里，我很真诚地对对方的服务和沟通表示认可，并对没能签订合同表示歉意。邮件并不是"很高兴认识你，很遗憾不能合作，很感谢你，期待有机会合作"，而是真的一字一字打出来的。

那封邮件发出去不到半个小时，我接到了销售经理的电话。他在电话里说，他和很多客户沟通过，交易有成功有失败，但是从来没有收到过这样一封"手写拒信"，意外的同时也很感动，所以特意打电话过来。那个电话已经与合同无关，我和他分享了为什么选择第一家的私人原因，他虽然有些委屈地说"这不过是一种营销手段"，但最终表示理解和"我们一样可以做到"。

他没有食言。这个故事发生在我的第一份工作期间。直到我换了第三份工作，这位销售经理还是在这家公司，已经升职到高级销售经理，我仍是没能和他签上一份合同，但在我的私人邮箱里，还能够收到他每周一封的问候邮件，从不缺席。

后来我来到现在这家高大上的公司，招聘做了很多，人才市场跑过，猎头也用过很多。因为一次大规模招聘，我的手机号被不知哪家服务商放到了网上，以致很长一段时间，我都不断地接到卖包材的，推销培训的，寻求合作的电话，但是我再也不是那个新人小姑娘，能够怀着善意和耐心，听完每一通电话，给每一个人一个负责的回复。

就在前天，我又接到一个电话，说是做人力资源外包服务的，想知道是不是有合作机会。我听着电话里年轻的声音，突然就想起曾经的自己，于是很客气地接听了电话，并就不能帮忙表示抱歉。那天电话后，收到对方的短信，他说我叫 XX，抱歉打扰你了，很高兴认识你。

很高兴认识你。我们每个人都曾真诚地说出过这句话。

化耻辱
为力量

俄罗斯著名化学家布特列洛夫小时候对化学特别着迷，尤其爱动手做实验。一次，不小心，实验过程中发生爆炸，被老师发现了，罚他在脖子上挂一块大牌子。牌子上写着："伟大的化学家"。老师只图一时痛快，没料到，这次侮辱事件却成了布特列洛夫的"内动力"。他憋足劲，发奋学习，非当个化学家不可。后来，布特列洛夫果然在有机化学方面做出了成绩，成了真正的化学家。布特列洛夫说："这个称号在 19 年前是对我的惩罚，现在却成了赞誉，我应该感谢它。"

英国著名诗人拜伦从小跛足，身体虚弱。有一次体格健壮的顽皮学生印司当众羞辱他，强迫他把一只脚放进竹篮绕操场走一圈。拜伦很想揍他，却因为身单力薄，只好忍气吞声，一瘸一拐地绕操场走起来。事后，他想自己受印司羞辱，就是因为体弱，从第二天起，他开始参加各种运动，锻炼身体。为了减肥，还节制饮食。不久，学校举办运动会，他参加了拳击比赛，又恰好和印司分在一组。人们都认为跛足拜伦注定要输，但健壮的印司却被拜伦狠狠一拳击倒在台上。

中国书法家协会主席启功，小时候很想做画家而无心成为书法家。在十七八岁时，一位长亲请他给画一幅画，说要裱成挂起，他感到非常光荣。但是这位长亲接着说："你画完不要落款，请你老师代你写款。"启功自知嫌他的字写得不好，感到"奇耻大辱"。经受了这次沉重打击之后，他便从此暗下决心发奋练字，终于成为中外驰名的大书法家。

1895 年，朱起风任教于海宁安澜书院，在学生课卷的"首施两端"处批曰："当作首鼠。"课卷发下，有人讥笑他："《后汉书》没读过，怎能批阅文章。"原来"首施"和"首鼠"通假，《史记》作"首鼠"，《后汉书》作"首施"。这批语并无大错，但朱起风却以此为耻。于是他博览群书，三十年如一日著书洗耻，终于在 1924 年完成了《辞通》。

"耻辱中绝无慰藉，除非摆脱耻辱。"这是英国文艺复兴时期重要的诗人、文学批评家菲·锡德尼的一句经典名言。所以，在受到巨大羞辱的时候，沉沦与意气用事最要不得，能给对方致命打击的是善待耻辱，接受耻辱，化耻辱为力量，然后用一生的无畏和执著让自己强大起来……

换个角度
看自己

　　杨华是出生在四川一个贫困农村的90后，从小是个留守儿童，直到初中才跟父母去城里读书，可来城里没多久杨华就沾染了一些不良习气，开始出入网吧、游戏机厅等场所，还学会了抽烟、喝酒、打架……到初中毕业时，他甚至连中考资格都不具备了，后来只能跟着父母去厦门打工。

　　16岁根本没人愿意聘用，杨华每天呆在出租屋里长吁短叹。出租屋的附近有很多小网吧，路过这些网吧时他心里都痒痒的。有一次，在经过一家网吧门口的时候，杨华突然想，虽然那些坏习惯害了自己，但如果换一个角度看自己，我精通电脑不也是一种能力吗？为什么不试试应聘做网管？

　　杨华怀着试试的心理走进了一家小网吧，结果还真谈妥了一份网管工作，月薪700元，每天工作12小时！就这样，杨华成了那家"黑网吧"里的一名"童工"。在平日的工作中，杨华发现游戏玩家们都喜欢去官网买游戏币，事实上在淘宝买的话价格要便宜30%。杨华从中嗅到了商机，他从淘宝上进货，然后在站内用比官网便宜 10% 的价格倒卖，赚取 20% 的差价。他的"产品"居然极受欢迎，短短两年时间，他的进货量也从最初的两三百元猛增到几万元，他本人也成了站内的知名商家，月收入也从几十元上升到数千元……

收入虽好，但杨华总觉得这只是"不务正业"，遂决定改行。2011 年 6 月，他应聘进一家服饰网店做客服，因为能力突出、业绩优良，他迅速被提升为店长，只用了一年时间，他就从 1200元的月薪上升到了 12000 元，提高了整整十倍之多。在同事们的眼中，杨华已经相当成功，杨华却觉得这才刚刚起步。当店长的第三个月，他在淘宝上发现一个"抢牛品"的平台，当时虽然没有什么人气，但他觉得其中暗含着商机，杨华果断辞职来到深圳，作为无偿的志愿者负责起了"抢牛品"一个版块的推广和招商，自己同时也在这个平台上开了一家淘宝店，销售鞋服，一年时间就赚了几十万。

第二年，杨华索性倾囊而出买下"抢牛品"，整改之后以"淘牛品"的名义上线，因为自身储备了大量的商家资源和用户资源，"淘牛品"驻站商家与日俱增。2013 年 12 月，他开始筹备"1 折网"并注册成立了"厦门易折网络科技有限公司"，成为中国电子商务行业最年轻的 CEO，他投入了 200 万元打造流量广告，凭借独特的定位和价格优势，"1 折网"以惊人的速度几何式成长，不到一年的时间里，合作商家就超过了 10 万家，产品超过 160 万种，超过 10 亿次的网络浏览量，1.4 亿次的转换率，日点击量超过 100 万，为商家带来的年销售额更是超过了 10 亿以上，且每年正以 500% 的速度递增……

2015 年 2 月，某国际知名投资基金对杨华的"1 折网"进行估值，并愿意以 1 亿美金的价格将其买下，但杨华一口拒绝了，对于各种玄机，杨华这个刚满 23 岁只有初中学历的小伙子是这样说的："人要学会换个角度看自己，在困境中换个角度看自己，我发现自己的陋习其实也是一种能力；现在有人想收购，表面看这是别人对我的认可，但换个角度看，你会发现这 1 亿美金是对我的一种价值封顶，这其实是对我的否定，因为这 1 亿美金根本不足以收买我的能力与价值！"

记忆的
价值

　　2009 年 3 月，唐婷毕业于杭州旅游管理学院，到杭州陆丰旅行社做导游。由于一次工作失误，她被旅行社辞退。在杭州一家大酒店做厨师的男友孙皓看到唐婷情绪低落，提议陪她去杭州红豆山农家乐散心。

　　当孙皓带着唐婷来到红豆山最有名的"乡村美"旅馆时，才发现这里不久前发生了火灾，旅馆被烧毁了。旅馆的主人正在为复修的事情发愁：以前房屋墙体是山石砌成的，火灾中虽然墙体保留了下来，但请人清理需要一笔大费用。

　　唐婷想起自己在做导游时曾带队住宿过荷兰的酒桶旅馆。那是把几只废弃的大酒桶改造而成的旅馆，酒桶旅馆的生意异常火爆。眼前这幢灾后的老房子也可以尝试"修旧如旧"，以它的特色面貌吸引旅客。

　　唐婷把想法告诉了旅馆主人。沉浸在灾后沮丧情绪中的老板没好气地说："如果你对这里感兴趣，我就把它廉价卖给你好了。"

　　唐婷一时语塞，男友孙皓却替唐婷一口应承下来："此话当真？""这么个破地方，看你们能整出什么新名堂！"旅馆主人的话激起了唐婷的决心。

回到杭州后，唐婷用 10 万元接下了旅馆。白天，她在工地上督促工人们清理受灾房屋。晚上，她和设计师探讨房屋修复方案：利用现成的山石、山木把房屋修复建设成本降到最低，又能展现一种超凡脱俗的美。

三个月后，小旅馆获得重生。唐婷给旅馆起了新名字——记忆旅馆。记忆旅馆外观刻意保留了大火焚烧过的痕迹，数十处受灾的残体经装饰后显示出沧桑韵味。在室内，唐婷则统一配置原木仿古家具，整所旅馆看起来古朴悠远又神秘新奇。

[让顾客留下"记忆"]

记忆旅馆成功修建后，经营的难题又摆在了唐婷面前。

冥思苦想后，唐婷决定把记忆旅馆打造成一座特色的"爱情记忆"旅馆。她为旅馆的每个房间都取了名字，如"浪漫记忆"、"甜蜜的心疼"、"蓦然回首"和"依稀如旧"等。每个房间的布置也各有特色，像"浪漫记忆"的房间以粉色为基调，"蓦然回首"的房间则以灰色为基调。

此外，唐婷还给入住旅馆的客人立下了一条有趣的规矩：每位客人可以在自己住过的房间里留下一件不贵重的物品做"永久的记忆"。客人们留下的记忆物品五花八门：有的是一缕头发，有的是一张唱片，还有的是一件衣服……有一对脾气火爆的"80后"夫妻入住后想不出把什么物品留在记忆旅馆合适，平时经常吵架的他们又吵起来了。最后，唐婷劝和了他们，并说："干脆就把你们二人的火爆脾气留在这里吧。"夫妻俩不好意思地对笑了。随后，他们在唐婷的指导下，用笔在纸上各自写下了自己的缺点：冲动、倔强、粗暴、不理解……唐婷把他们的"坏脾气"装进了一个信封，锁进了"甜蜜的心疼"房间的陈列柜中，希望以后他们会常回来看看。

[开发有爱情意义的经营活动]

在离记忆旅馆不远处，唐婷发现了一对年代已久、已经面目全非的废弃石刻麒麟。唐婷知道，麒麟在中国古代一直被寄予祥瑞、富贵、爱情美满等美好的寓意，被老百姓视为神物，而且在当地还曾流传着新人结婚时请麒麟赐福赐子的结婚民俗。唐婷想到把它们请出山，作为"记忆旅馆"的镇馆之宝。

经过和有关部门协商，唐婷花 1000 元钱买下麒麟。然后，她雇了山里的老石匠修饰它们，还把麒麟披红挂绿地打扮了一番。

接着，唐婷特地请村里那些德高望重的老人帮助她整理出一套传统的"麒麟婚礼仪式"，聘请乡村民俗文艺团起舞助兴，让麒麟为情侣见证爱情并赐福。

唐婷发掘的麒麟为她吸引了许多旅客，她更加注重增加新的元素或活动来带动旅馆的生意。旅馆重建后，她移植了一些草木，但由于资金和精力不允许，移植的草木不多，周围仍显空旷。唐婷想出了一个一举两得的办法，她把周围的空地命名为"爱情记忆区"。在那里，旅客们可以花钱买树坑和树苗，然后在那里种植下自己拥有的一棵"爱情树"。因为惦记自己种植的"爱情树"，那些旅客们便经常来记忆旅馆。不久，记忆旅馆周围便树林成荫。"爱情树"既让记忆旅馆生意更好，又免费绿化了周围环境。

随着记忆旅馆周围景区的大幅度开发，唐婷这座别样的记忆旅馆价值节节攀升。一些大商家看到了它蕴藏的潜力，愿意出几百万元收购，唐婷不为所动，决定继续开发旅馆其他有意义的经营活动。

精诚所至
的道理

方晓庆，一个 29 岁的北京女孩，从外表看，很难把她和
2009 年北京"售楼王"联系起来。1.60 米的身高，并不苗条的身
段，一张不容易被记住的脸，严肃的黑色工作服……她在金碧辉
煌的售楼大厅里，一点也不出众。但就是这个不起眼的女孩儿，
卖出了天文数字的业绩——2009 年，经她手出售的楼房总价值 3.8
亿元。

人们好奇她的售楼秘诀，而她只是说："我不喜欢把成绩归
结到运气上。一两次可以说运气好，我每次都卖掉了，怎么能说
只凭运气？"在方晓庆看来，真诚、勤奋、耐心，才是获得客户
认可的法宝。不能看人下菜碟

和其他售楼人员喜欢频繁跳槽不同，方晓庆做这行 8 年，只
干过两家公司。她说自己也不是刻意而为，只是业绩一直不错，
而且从不羡慕别人换了地方，比自己挣钱多，自然就做得长久。

方晓庆 2002 年毕业于北京林业大学，刚毕业时，她根本没想
到自己有一天会成为售楼小姐。"那时的学生一出校门，心里都

奔着当公务员或者去大企业，不仅要找专业对口的企业，还要判断企业的发展潜力，但我没这么多想法"。方晓庆学的是计算机网络，却进了一家大兴的房地产公司当文员，"那会儿每天对着电脑，很枯燥，而销售部都是年轻人，成天说说笑笑，我特别羡慕，就申请转去做销售。"

开始，销售总监并不看好方晓庆。她自己也承认："我不是一个特别突出的人，看上去也不精明。那时一张娃娃脸，老总就觉得我是小孩儿，能把房子卖出去吗？"给方晓庆做培训的老销售，也不看好她。一次培训课的间歇，小姑娘们都凑在一起聊天，忽然进来一位穿着睡衣的中年妇女，销售人员看她穿着普通，根本不像买房的，都懒得动弹。方晓庆心想："不管人家买不买房子，进来了都是公司的客户，就得认真招待。"她热情地迎上去，陪着那位妇女四处看，耐心地听她问长问短。"最后她竟然一口气买了3套！"还没上岗，方晓庆就拿下了一个大单，"连我自己都不敢相信，不过从那以后，我也牢牢记住了一个道理，销售人员一定不能挑客户，绝不能看人下菜碟，很多有实力的客户穿着都特普通，很低调，从外表上根本判断不出来。"

方晓庆说，即便是不买房的客户，也能给她带来极大的利润。"一次，快下班的时候，来了位看起来普普通通的男客户。他说自己不买房，只是随便看看。大家忙了一天，都很累了，不愿意起身招待他。我没有犹豫，打起精神，陪他逛了好几个小时。"
这个客户没说什么就走了，方晓庆也没有放在心上。谁知道两天
后，不断有客户打电话找她买房子，"最后楼房开盘时才真相大白，
那位男客户跟着一帮朋友一起出现，我才知道他一共给我介绍了
13 个客户，最后他自己也在这儿买了房。"

方晓庆从此懂得了长线经营的道理，"其实对客户来说，他
即便现在不买，以后也会买；即便自己不买，或许也会介绍朋友买。
所以都要认真对待。"

[真诚比技巧重要]

方晓庆偶然入行，没想到一开始售楼就尝到了甜头，她决定
踏踏实实地做售楼小姐。

方晓庆开始根据市场变化，学习行业知识，好满足不同客户
的需要。不过，她一再强调，自己并不看重销售技巧："因为相
比技巧，真诚更重要。买房子的客户都是久经江湖，什么样的技
巧他看不出来？重视技巧倒不如简单一点，真诚一点，真心实意
地为客户着想。"

当然，方晓庆也积累了一些经验。对于看房的女客户，她尽
量感性地去沟通，介绍房子时注重布置、环境等话题，"比如介

绍厨房，我会说这是洗菜的地方，这个是烤箱什么的。而男客户看重的是房子的价值、潜力。我就多谈一些数据，也会告诉他们，我们用的是知名物业公司，室内装修用的是什么牌子。"

方晓庆虽然不以貌取人，但时间长了，她也能区分出所谓的高端客户和普通客户。"有些女客户一身华贵，态度矜持而淡漠，对待这样的人，态度要热情，但是话不能多，介绍完基本情况，对方不说话，自己尽量也不说，但要随时准备回答问题。"方晓庆说，这种客户不容易招待，很难猜到她们的心思。相比起这些人，方晓庆还是喜欢跟普通客户接触，"他们就是家长里短，问得很细致，也容易接近，我很喜欢跟他们聊天，和很多客户都成了朋友。"

[心态好，就是生存之道]

方晓庆大方地承认自己不是漂亮的女孩，"有人说我胖，胖是很多女孩忌讳的字眼，可我不在乎，我的心态好。"无论是工作还是与人相处，她喜欢多看优点少看不足。"我不会揭别人的短处，也不想关注别人做得怎么样，只做好自己的事情。"方晓庆不是美女，这反而成了她的优势。"漂亮的女孩，比较矜持，处处在意自己的形象，总希望自己是焦点，受到瞩目。这样的心态，无论在客户面前，还是在同事中，都不占优势。"

在客户面前，姿态上放低自己，突出客户；而同行之间，让着别人一点，不抢单。方晓庆说这就是生存之道。"很多人觉得售楼小姐很轻松，陪客户聊聊天，逛逛楼盘就能赚钱，其实我们很辛苦，有时要从早上一直工作到凌晨一两点，没有节假日，没有周末，即使拼命做，也可能短时期内出不了效益。"

方晓庆的老公也和她在同一个公司。"你做得这么好，会不会给老公带来压力？"方晓庆笑称，这个问题很多人问过她，"其实两个人都会有压力。"方晓庆计划学些管理知识，逐渐脱离销售一线。

方晓庆现在每年能赚数十万年薪，走得踏实而有奔头。这个普通售楼女孩创造的奇迹，恰恰说明了"精诚所至，金石为开"这个简单的道理。

贫困并不是
幸福的枷锁

1980 年，他出生在洮南市一个普通农民家庭。直到上小学时，他家还一贫如洗，买不起一辆自行车，甚至交不起学费。从家到学校的十几里路，他每天都是走着来回。那时他在班里很自卑，没有像样的衣服穿，一到交学费时，他就愁得吃不下饭，看着母亲四处借钱，他心里特别难受，为此他学习很刻苦，想通过学习来改变自己的命运。

没有条件买辅导资料，更没有参加任何一个补习班，他把所有的精力都花在了教科书和学校里发的几本练习册上。他的学习目标很明确，就是把书翻烂把内容吃透，把书本上的知识全装在自己的脑子里，然后去考试。1996 年的中考，7 门功课有 5 门他考了满分，被市里的重点高中录取。

高二时，他因理科成绩突出被选拔参加奥林匹克竞赛，获得了全国第二名的好成绩。为此吉林大学物理系向他提前下达了破格录取的通知书。高二就怀揣大学录取通知书，没有压力的学习，他成了学生们羡慕的对象。而好运却没有眷顾他，这一年，春天里先是大旱，庄稼几乎绝收，到了夏天又是阴雨连绵，暴发了特大洪水，冲垮了家里的田地和仅有的两间房屋。此时，他内心很煎熬，看到妹妹还要上学，看到家里父母每天为生计发愁，他放弃了那张破格录取通知书，瞒着父母去了内蒙古一家木材厂打工。那段时间，他每天工作 12 个小时，每月拿 600 元的工资。半年后，他把 3000 元钱通过同学捎回家里，说是学校发的奖学金。这时他的父母还蒙在鼓里，一直认为争气的儿子在读高三。

1999 年 3 月，家里的情况好些时，他挣够了自己的学费和生活费，就又回到学校参加高三的学习。这时离高考也只有三个月的时间，他每天只睡 6 个小时，恶补缺失的课程。那年的高考，他以优异的成绩被南京一所本科院校录取，而录取书上标注的学费是 1 万元，他又犯愁了。

好在学校得知了他的情况，可以暂缓交学费，还安排他在学校食堂勤工俭学。一到下课，别的同学都去玩了，他则在食堂里打工，每天有 8 元的收入，他算了一下，照这样的速度离还清学费还差很远。祸不单行，大二时，妹妹来信告诉他：家里有人要债，父母都病了，她不能上学了。他立即就做出了辍学的决定，于是他给妹妹回信：别为钱的事发愁，我已找到了兼职，每月 2000 元收入，能让你上学和帮父母治病。接着他很快办理了退学手续，在"南京硅谷"的一家电脑公司做了一份短时工。大部分时间，他是在南京街头举牌做家教。在家教中，他把自己的奋斗历程言传身教给学生，收到很好的效果。

2002年1月，他用打工和做家教挣来的钱，不仅支付了妹妹的学费，还帮助家里还清了数万元债务。这时他又萌生了去学校读书的念头。正好家乡一家高中听说了他的经历，决定免费收他入学。经过五个月的艰苦学习，在当年的高考中，他又顺利地考取了大连理工大学。

在大学里，他仍然靠做家教维持学费和生活费。只不过，此时的他把家教做出了名堂，"老师只研究怎么教，而我研究的是怎么学。"他从培养学生的学习习惯入手，形成了自己独特的家教方法。在北京举办的一次家教业务能力比赛中，他出色地讲解了整场比赛中最高难度的题目，成功地挑战了每小时4000元的价格标准。渐渐地，他有了"家教皇帝"这个称号。

大二时，他形成了自己"培养学生良好学习习惯"的家教理论，在新理论的推动下，他的家教业务应接不暇，于是，他决定开办一家家教公司。分为初中、高中升学补习班，随后，公司规模越来越大，他也获得了不菲的收入。

到大三时，大部分大学生经济上还在靠父母给的生活费，他已经花10万元为父母盖起了新房。而他的年收入更是达到30万元，被称为"中国最富的'非富二代'大学生"。好事接踵而来，大学毕业时，他被免试推荐到结构工程专业硕博连读，还被大连评为"年度十大人物"。

他叫佟洪江，靠着百折不挠的勇气成就了今天的小成功。

热爱生活
全力以赴

丁永强原是一个农村青年，被海尔招聘为售后服务员，他下定决心踏实工作，珍惜这个来之不易的就业机会。

一天，他接到了青岛市四方区一个用户的电话，说他家里的冰箱不通电了。于是丁永强很快赶到了用户家，经过检查他发现，原来是用户的电插座松了。他只花了不到两分钟的时间，就将问题解决了。

接着，丁永强又对用户家里所有的海尔电器进行检查，结果发现燃气灶要打几次火才能点着。虽然用户不计较，说燃气灶用久了都这样，但丁永强还是细心地又检查了一遍，确认是电池没电引起的。丁永强考虑到用户独自在家，不方便外出，就自己下楼去买回了电池。

燃气灶正常点燃之后，丁永强又发现火焰是黄色的，很显然出气孔需要清洗了。于是，他又细心地将所有出气孔道清洗了一遍。"你真好！这么细心，这么热情。"丁永强的这些举动让用户非常感动。

刚从用户家回去，丁永强又接到了对方的电话。丁永强以为他们家的电器又出现了问题，用户却说："我家新开了一家旅馆，需要 26 套空调，决定也买你们海尔的，你帮我联系吧！装修后，再找你买 26 台彩电……"

丁永强激动不已，他没想到自己的工作得到了用户如此的信任，自然也受到了领导的赞赏。

一个对工作怀有热情的人，就会自动自发、满怀激情地把每一件事干好干彻底，丰厚的回报也会不期而至。

美国某电台主播安娜，非常热爱自己的工作。节目介绍前的 10 秒钟是属于她的，尽管在那之后的台词她无权更改，而这 10 秒钟她可以自由支配。

怎样才能让这 10 秒钟变得有声有色呢？

"纽约今天下雨了。"

"国家森林公园的枫叶红了！"

每天她总是留心亲眼目睹、亲耳所闻、真心所感一些小事情，然后用简短而又充满诗意的话语说出来，新颖别致而又十分感人。仅仅 10 秒钟，这颇具创意的"每日一句"，深受广大听众的欢迎，她自己也颇感自豪和快乐。

热爱生活，全力以赴，把每一件事情都做得尽善尽美，成功和快乐就会翩然而至。

人是
逼出来的

他，只有小学学历，带着一身农民的朴实，普通得不能再普通。走在大街上没人敢把他和一个拥有 20 几项发明和专利的专家相提并论。

16 岁那年，他去了当地一家五金机械厂当学徒。靠着身上那股子肯钻研的倔劲以及聪明的天资，他很快掌握了一套熟练的机械维修技术，回去后自己办了一家汽配公司。由于有扎实过硬的技术功底，不仅可以帮助客户提供配件，而且还能额外给予维护指导，甚至还能帮客户免费维修配件，因此汽配公司的生意很不错，他大赚了一笔。

两年后，随着当地旅游业的发展和升温，他敏锐地意识到这是一个新的商机，于是把目光瞄准了宾馆行业。在当地开办了一家长城宾馆。由于宾馆需要安装中央空调，当时选派了两名技术人员到空调厂家学习，结果回来连基本的开机也不会，只好再次请厂家的技术人员到宾馆给予指导。空调安装好后，才一个月的时间里，技术人员的维护费用加上空调全开全闭高能耗运行就花了几万元钱，他看了很是心疼。由于全开全闭运行是当时中央空调的技术通病，一开始的时候他也无可奈何，后来，他的倔劲又上来了，他不甘心就这样每月看着空调的高损耗导致的电费白白流掉，他想，能不能给空调增加一个节能装置？在翻阅了大量有关中央空调的书籍，掌握它的工作原理、结构程序，分析之前使用的几个节能产品的优劣后，他利用自己以前从事机械加工的一些技术，经过长达3年的时间，终于研发出适合自己宾馆使用的最原始的空调节能产品。虽然不是自动控制，还需要机械师操作，但长城宾馆还是用这套粗糙的设备节约了一大笔钱。

随后他虚心向专业的大学教授请教，联合起来对这个装置进行优化完善，一种全自动的空调节能装置在他的手中诞生了，用在自己的宾馆中，每年都可以节省几十万元的损耗。一开始，他也没有想到专业生产，只想在自己的宾馆用用就行，后来看到许多工厂在"用电荒"中，无法开工生产，每天都白白损失很多收益，他才开始有把产品投入市场的想法。

在对"文欣"、"鹤群"试点进行科学检测后，节能综合利用检测中心出具了一份报告，认为他的节能技术及装置，节能效果在60%以上，其中省委党校文欣大厦3个月节电21.8万千瓦时，新昌鹤群大酒店两个月节电7.31万千瓦时，他顺利申请了专利，同时引起了时任省长的昌祖善关注，昌省长要求省经贸委和省科技厅给予高度重视，又为这一节能技术连作两次批示，要求做好试点认证并积极推广。

2005年底，中央空调系统节能技术及装置顺利通过了省科技厅组织的由中科院院士主持的科技成果鉴定验收。经专家一致评定，该节能技术及装置多项技术填补了国内空白，综合节能技术已达国际先进水平，形成了一套拥有自主知识产权的中央空调系统节能核心技术，并获得中国专利18项，其中发明专利7项。

此后，他创建了台州光辉自控有限公司，专门生产中央空调节能产品。由于当时的空调节能产品技术都很落后。因此，他的产品一面世，就占领了中国的大部分市场。再后来陆续开发了空调自动排污装置，连体蒸汽电动阀等产品，公司生意红红火火。2008年，和一个名叫皮特的外国人偶然相遇，让他把产品推向了国际市场，如今，公司每年生产总值达到1个亿，其中销往国外的占70%，今年业务量达到1000多万。

他就是台州光辉自控有限公司的董事长马开聪。每次谈及自己的成功时，他总是笑笑说："我是被'逼'的，被'逼'发明，被'逼'成功。""逼"自己也是一种智慧，因为人只有在走投无路、面临困境的时候，身体的潜能才能完全爆发出来。

上帝不会
放弃坚持的人

换了份工作，在一家小广告公司做文案。办公室看似风平浪静，实则不然，关系相当复杂。在这沉闷的环境中，童圆却是个特例。外表文质彬彬的童园特别喜欢开玩笑，性格开朗的他不仅和每个同事的关系都很不错，而且还深得老板的青睐。

童圆负责广告业务，不过他却很少像别人一样四处跑。大多数的时候，他只是坐在办公室里打打电话，像唠家常一样和客户们聊上一阵，一个月的任务基本上就有了着落。让同事们最佩服的是他的客户大都被培养成了朋友，聚会叙旧的工夫就把生意谈好了！大家常常逗他，让他谈谈究竟用了什么法宝。每到这个时候，童圆就含蓄地微笑着，也不说什么。同事们私下里都叫他"泥鳅"，他知道后仍旧什么也不说，脸上带着那标志性的微笑。

不知从什么时候开始，童圆忽然迷恋上了下象棋，一有时间就拿着棋谱闷头琢磨着。大家也不知道他葫芦里卖的什么药，渐渐地也就见怪不怪了。没过多久，老总宣布认命童圆做经理助理。童圆的业绩一直非常不错，人缘又好，大家当然没什么意见。老总宣布完任命之后，随口说道："你嫂子听说你最近棋艺又有进步了，告诉你有空去家里陪她切磋两盘儿。"心直口快的同事轻声嘀咕了一句："做公关都做到老总夫人那里去了，真有你的！"

再平静的海面上，也总会掀起波澜，童圆的事业也是如此。本来和一家公司谈好了合作的事情，可不知道为什么对方突然改变了主意，到了嘴边的订单又飞走了。当老总知道这是竞争对手暗中做的手脚之后，无奈地笑了笑。那笔订单对公司的意义很大，写字间的气氛陡然凝重了起来，童圆更是整天拧着眉毛。

周六休息，晚上外出散心的我忽然发现童圆正和几个西装革履的中年人勾肩搭背地从一家酒店走出来，喝得两腿打颤的他把对方送走之后忽地一下坐倒在地上。我连忙跑过去扶起他，掏出纸巾轻轻擦拭着他的嘴角。他醉眼朦胧地望着我，说话含糊不清，连人都认不出来了。幸好我去过他按揭买的房子，费了好大的力气才把他送回去安顿好。

周一的时候，我正琢磨着童圆为什么迟迟没来，老板却满面春风地走了进来。从他的叙述里，我们才知道童圆为了重新夺回订单付出了多大的努力。他先是找到对方公司里的高层，也是自己的老朋友喝酒聊天，套出了他们老板的行程，然后不顾自己喝得胃吐血，准时出现在了对方老板出差的航班座位旁边！对方老总被他的诚意深深打动了，当飞机落地的时候，我们又抢到了这个意义非凡的合同。可他自己却病倒了，躺进了医院。

我特意向老总请了假，跑到医院去陪他。躺在病床上的童圆，脸上仍旧挂着孩子般的笑容。我嗔怪着点了点他的额头，骂道："至于那么拼命吗？老板给了你什么好处？"听完我的话，他的脸上忽然出现了少有的严肃："我这么做不是为了别人，而是为了自己。"看着我一脸不明白的样子，他笑了笑，继续说道："每个人都应该尊重自己的职业！我们虽然是拿着别人的工资，但我们却是在给自己打工，在给自己的未来打工！所以我们要尽力做好每个工作，只要事情还有一点转机，我们就必须全力以赴。"我微张着嘴看着他，刚刚还在心里盘算着挖苦他两句，却被他的话深深打动了。

他看着我有些发呆，忽然伸出脚轻轻踹了我一下，满脸坏笑地喊着："快去给我打饭，伺候人也不专业一点。"我拿起手中的水果作势要打他，他连忙笑嘻嘻地钻进被子里。

童圆出院之后，老总对他更是器重，大家都明白童圆做经理只不过是时间问题。可谁也没想到，就在这时，公司突然发生了大事—老总遭遇了车祸，神志不清。老总刚被抢救过来，大家都忙不迭地向医院跑，围在老总夫人身边嘘寒问暖。随着时间的推移，大家才知道老总的命是保住了，但很长的一段时间里都不能生活自理了，更别提做生意了，公司陷入混乱，人心惶惶。

　　大厦将倾，当大家都选择离开的时候，一向奉行圆滑处世的童圆却留了下来。大家猜测着他这样做的动机，可现实就摆在那里，除了风险，他什么也得不到——其实我们并不了解这个泥鳅一样的男人。

　　童圆先是给留下的人开了会，然后表示公司稳定下来之前，自己不拿一分工资，但不会少大家一分钱！他不仅用出色的口才深深打动了我们，更用前所未有的信心振奋着我们每个人的内心。我们都表示愿意和公司同甘共苦。然后，他又笑着安慰老总夫人，以后不能再陪嫂子下棋了。那一刻，一向俗气高傲的老总夫人泪湿了双眼。

　　公司的情况远比我们想象中的更加危急，逼债的人接连不断，同行对手也暗中煽火，唯恐天下不乱。整整3个月里，童圆每天吃喝睡都在办公室，忙着处理各种问题，联系朋友想办法。在童圆的感染下，我们都自发地免费加班工作。

　　在大家的努力下，公司渐渐有了起色，终于挺了过来。为了更稳固地占领市场，童圆抓住北京举办展会的机会带我们去开拓市场。那时正值旅游高峰，我们起程比较晚，赶到的时候宾馆大多都爆满了，只有一家宾馆还有客房。我们资金有限，不舍得住酒店，童圆和男同事们一商量，把仅有的一个房间让给另外我们几个女孩儿，他们在走廊的角落上住了下来。

　　半夜，天气转冷了。我拿了被子悄悄走出来看童圆，发现他正在长廊另一端的窗边仰望星空。"这么做值得吗？"我走过去，把被子递给他。"我爸爸从小就告诉我一句话——人，不能对不起人！"他接过被子，轻轻披在我的肩头。"我知道在你们看来我处事圆滑，可那只是我的生存手段。没有圆滑的社交手段，想在这个残酷的社会活下来太难了！可人和人之间的交往不仅有手段技巧，更有情分！我做事就一个原则，那就是对得起自己的良心！"他又说："我就是一条滑溜溜的泥鳅，为了成功，为了利益，我可能会撒谎，会使诈，但我绝对不做昧良心的事，更不会放弃希望。我也会恐惧，也会彷徨，可我绝不言败！生活总有太多无奈，我们无法选择自己的人生，却能选择如何走过这一生！"

　　上帝不会放弃每一个坚持不懈，永不言败的孩子。刚刚踏入社会的我们走过弯路，做过傻事，有过教训，这一切都不可怕。怕就怕你在接连的打击下主动退缩，畏惧不前。为了生存，我们都披上了圆滑的外衣，带上了冷漠的面具。但这也不重要，只要我们的心还暖，只要我们决不放弃，我们就对得起自己，对得起生命了。

事情没有想不到，
只有不敢想

年轻没有失败！

如果你真的失败了，

请记住：

对手、环境只是借口，

打败你的不是别人，

正是最强大的自己！

事情没有想不到，
只有不敢想

　　有一位跨国公司老总，在一次员工大会上讲述了他在美国留学打工时的求职经历。

　　刚到美国时，他和许多中国留学生一样，在未拿到美国人承认的文凭之前，只有靠体力在餐馆、货场打工来维持自己的学业。半年后，他对这种在美国最底层的打工生活感到厌倦和不满，急切地想换换环境。

　　一天，他在报纸上看到有位教授想招聘一名助教的广告。心想：做助教，薪水不菲，还有利于自己的学业，于是他报了名。经过筛选，共有 36 人取得了报考资格，其中包括他在内的 5 名中国留学生。入围者都在暗暗叹息希望太渺茫了，甚至有人想退出。就在他一头埋进图书馆里查阅资料为决赛做准备时。另外 4 名入围的中国留学生退出了决赛。因为他们刚刚打听到，这位教授曾在朝鲜战场上当过中国人民志愿军的俘虏，肯定会对中国人存有偏见，而不予录取。

　　听到这个不祥的消息，他不由得惊出一身冷汗。大家也都劝他放弃这场注定失败的考试，还不如趁早去寻找别的机会。在失望之中他逐渐冷静了下来，坚持一定要搏一搏："就是教授真的对中国人有偏见，我也应该用行动证明给他看，我是优秀的。"考试那天，他镇定自若地回答教授的提问。最后，教授对他说："OK，就是你了。""我真的被录取了？为什么？"他感到非常意外。教授说："是的，其实你在他们中并不是最好的，但你不像其他入围的中国学生，连试一下的勇气都没有。我聘你是为了我的工作，只要你能胜任我就会聘用。"

　　有句广告语说得很好：年轻没有失败。如果你真的失败了，请记住：对手、环境只是借口，打败你的不是别人，正是最强大的自己！

在你享受安逸的时候，
多想想你的亲人

[1]

这个世界很现实，这个世界没有不公平，但是不可否认，我爱这个世界，因为它至少给我们机会，让我们去改变某些东西。我始终相信努力奋斗的意义，对很多人来说，大概只有这条路才能通往更高的金字塔。

很多读者私信我，"怎么才能写出大家都喜欢的文章？""我的梦想就是成为作家，但就是坚持不下去。""我不知道该怎么努力？你能告诉我吗？""我有时候就是不想动，总是会放弃"……类似这样的问题，五花八门千奇百怪，总而言之概括为，前途迷茫型。

其实问这样问题的人，在我个人认知里，至少应该是家庭条件不错，生活也很优越，所以才可以选择不想努力，因为只有生活条件的还不错的人才有的选。就像有钱人才会从容不迫的说，没钱不要紧。那些没钱的人，不得不努力，如果他们偷懒一天，那第二天可能就没饭吃。

不过我终究败在了我以为上，在后续的聊天中，他们大多生活苦闷，家庭困难，有着遥不可及的梦想和沉甸甸的责任。这个世界就是这样，残忍的鲜血淋漓，面目可憎，我们能做的就是尽自己最大的努力，给它迎头痛击，无论这个世界怎样，我们都能骄傲的说，我没辜负自己。

[2]

十几个小时的火车硬座，主要原因是为了省钱，我总安慰自己说，年轻的时候要多吃点苦。

可能是由于跑的快的缘故，我是我们那节车厢第一个进去的人，然后就开始期待旁边坐的会是个什么样的人。车厢里的人陆陆续续地进来了，我旁边依然空着，可能不是起点站买的票，我暗暗想到。

在我低头玩手机的时候，耳边传来了"姑娘，你旁边没人吧？"

抬头映入眼帘的是一位四五十来岁民工大叔，肤色黝黑，皮肤很干燥，脸上有些地方皱了，穿的民工服，衣服很薄，背着，提着，外加放着的，有一堆行李。

我立刻说："暂时还没人，可能不是起点站买的票。"

火车运行后，坐在一起的，难免聊了起来。

大叔在北京打工，工地上干活，如今项目做完。想早点回家过年，只好买了站票。说起回家那个字眼的时候，大叔很温柔的笑了。

对面的一个大姐打趣问大叔："今年是不是赚的盆满钵满？"

大叔说每天早上五点就开始上班，一直忙到晚上七八点，要是加班可能更晚，不过工资也还挺好，一天能赚三四百。

"赚钱挺辛苦的。"我有些感概的说。

"谁说不是呢，不过家里有两个小的，大的今年要结婚，要买房买车，小的又读的是三本，学费高的吓人，不赚钱不行啊！"

后来我问大叔为什么不让孩子在网上以前帮他订张票，毕竟要站十几个小时。

大叔面露尴尬，后来才说，本来也想在网上订票，可家里就小儿子会上网，但是小儿子嫌弃他农民工的身份，还说他没文化，平时大叔打电话回去，小儿子也没接过。后来想想就算了，只是站一会而已。

以前我在知乎上看到一条答案，问题是我们为什么要努力，高票答案下面贴了一张照片，是很多农民工春运的时候大包小包挤火车的场景，说了一句，因为我不想成为他们这样的人。

当初看到那条答案的时候，我无比赞同。

可是如今，我真真切切的看到这位民工大叔，鼻子莫名的酸了一下。

北京冬天的室外有多冷，我能形容的就是十个人里面有九个都裹着厚厚的羽绒服，带厚厚的围巾帽子，但是大叔只穿一件很单薄的外套，早上五点开始搬砖，和泥……

大叔不是买不起卧铺，只是因为要给家里的孩子省钱。

[3]

周末的时候我会出去兼职，以前在一家西餐厅做服务员，工资还可以，所以干了挺久的。

那家西餐厅有很多兼职生，排班也都不一样，几乎每次我遇到都是不一样的面孔，除了店长和洗碗阿姨。

洗碗阿姨人很好，总是笑眯眯的，和蔼可亲，每次都会冲我笑，前厅不忙的时候，我也会偷偷跑过去帮她洗几个碗。

阿姨的工作时间和我们不一样，比我们长四个小时，工资却只有服务生的三分之一。

我知道的时候，气鼓鼓的问："阿姨，你怎么不换一个工作，这简直是压榨劳动力！"

阿姨似乎是苦笑了一声："换工作哪有那么容易啊，哎，我都这么老了，没啥文化，只能干这个了！"

下一个周末，我提前到了一会，看见阿姨穿着一身其他店子服务员的衣服，急急忙忙的赶过来。

"阿姨，你换工作了？"

"没有啊，我们店是十点上班，我在我家附近的早餐店找了份兼职，负责端早餐，打杂，跑腿啥的，我早上六点去上班，可以干三个半小时呢，一小时八块钱。"阿姨说话的时候脸上带着笑意。

我要下班的时候，阿姨问我，能不能帮她家女儿补补课，知道价钱，一小时五十，问我愿不愿意。我也带家教，不过犹豫了几秒钟，回答："好，回头协商一下时间，一小时四十就行。"

大家想必都洗过碗，在家里洗三四个碗，几个盘子，是件挺轻松的事情。可是从早上十点到晚上十点整整十二个小时，除开吃饭的二十分钟，其余时间要一直站着洗碗，到最后腰疼疼脖子疼，阿姨自己说起来的时候，总是略带笑意的说，没事没事，都习惯了。

为了多挣二十八块钱，阿姨要早起三四个小时去另一个店子，找到这份兼职的时候，就和捡了宝一样。就算这样，阿姨还是会花五十块一小时的高价给自己孩子请家教，生怕自己不能给她更好的。

[4]

　　暑假的时候没回家，在武汉打工，租的房子在一个即将拆迁却没拆迁的棚户区里面，住我对面的是一个小姑娘，十七八岁，早出晚归。

　　有一天十点左右，突然听到楼下有哭声，我冲下去的时候，姑娘呆呆地坐在门口，膝盖胳膊在流血，我赶紧跑过去问她怎么了。姑娘一开始死活不说，只是呜咽。后来才说在路口遇到几个流浪汉尾随，双方吵了几句，姑娘怕的不行，拔腿往回跑，路上摔了一跤

　　带姑娘回来，我一看不是大伤口，就帮她包扎了一番。

　　后来聊天的时候，我问她年纪这么小，又是一个人，为啥租在这么偏僻的地方，家里人不担心吗，多危险。

　　姑娘说自己今年的艺考生，暑期培训，父母都在抽不开身，在这租房子便宜，艺考本来就要花挺多钱，家里也不富裕，不想在多花钱了。

　　姑娘说这些话的时候，我脑海里总会浮现姑娘那天晚上惊慌失措布满泪痕的脸。

　　九月份开学我离开的时候，姑娘依旧住对面，依旧早出晚归。

我租房子的地方，坐完地铁还要转公交，偏僻的不像话，当然房租也特别低。一个十七八岁的姑娘一个人住在那，为了某些坚持的东西。

[5]

我从上大学就没拿过家里的钱了，学费生活费全是自己挣得。几乎所有空余时间我都在兼职，端过盘子发过传单，做过礼仪也带过家教。

我尽可能地找所有机会挣钱，如果银行卡里的钱不够两千，我就觉得很恐慌。

以前在网上做过枪手，帮大神代写网络小说，千字十，接任务之后一直熬到凌晨两三点，能码一万字。也帮人写论文，三万字五百块，走路都要抱着本其他专业的书边走边看。

大概是那个时候写的多了，如今写起来也不会太辛苦，写出来也会有人点赞，打赏。只是有天看到一条私信，大意就是我很辛运，成了签约作者，还能出书。

其实我一直坚信的一句话，在这个努力程度如此之低的社会里，真的轮不到拼天赋。

我十分清楚，我没有资格不努力，因为如果我这个月想偷懒，想休息，那我下个月就没饭吃。

那些找不到坚持动力的人，只是过得太舒服，没被生活逼到哪个份上。但是你们有没有想过，你过得还算舒适的生活是谁提供的呢？

那些父母一把辛酸泪，为了你们愿意去干最苦最累的活，连续工作十几个小时，甚至拿着不高的工资，你们真的有资格偷懒吗？

这个世界很残酷，努力不一定有结果，但是不努力一定没结果。不过还好，至少它给你去努力改变的机会。

我要赚很多很多的钱，我要买一所大房子，我要给父母更好的生活……我不想我爸我妈五十多岁时候，还在外面打工奔波，我要给他们更好的将来，所以我没资格不努力。

当你倦怠松懈想要放弃时，愿你多想想那些你爱的和爱你的人。

做再多的梦，
你也不能成功

这几天，不停有人直接或间接向我吐槽工作中的不愉快，吐槽内容无非是自己怀才不遇，同事能力不达标、不好相处等等。

有时我会告诉对方，现在你遇到的问题正是展现你的能力、在老板面前成就自己的时候，同时你会练就一颗强大的内心，而后者则是更大的收获。

F 是我 5 年前认识的一个同事，学的专业是音乐艺术。那一年单位恰好举办了一场选秀比赛活动，他在那场活动中表现抢眼，继而被留下。虽然在比赛中表现不俗，但初进单位的他没有任何特殊机会，依然从最底层做起。他做过文字采编、市场拓展、活动策划等工作，经常加班到后半夜，但是早上八点半依然会在办公室看到他活跃的身影。

大约半年后，同事告诉我，F 在单位做节目主持人了。我和大家一样很惊讶，从网上找来他主持的节目，看完觉得还真不赖呢！逐渐地，他主持的节目在我们生活的城市小有名气，他的工作越来越多，也越做越好。即使工作多到天天要加班，两个月都没有休息时间，也从不见他抱怨。此时，他还开了一家属于他自己的面馆，并且经营得风生水起。

前年年中，他告诉我他要辞职了，我表示很错愕。他悄悄说，"我要出书了。"这下我倒很淡定，因为我觉得他的故事足够写一本励志型的畅销书了，但他写的却是一本教别人怎么做菜的书。果然，2014 年年初的时候，他带着他的新书，在我们城市最高大上的商场做签售活动。此后，我们也不停在卫视节目中看到他的身影。

L 是我另外一个同事。她刚进单位时，还是名瘦弱的学生。犹记得她进单位时，因为是新手，又在新部门，很多东西都没有成系统，完全要靠自己一点一点摸索。那段时间又特别忙，加班到深夜是家常便饭。

更难的是，那时她每周都要做专题策划，线上要有专题页面，线下要带活动。线上专题制作，要能画得了框架，P 得了图，还得懂代码。代码能为难死她，大家天马行空的想法，就连程序员也面露难色，更何况一个编辑呢！但是她并没有退缩，而是想尽办法与程序员和设计师沟通，结果她每期做出的专题既好看又叫座。

记得第一次组织线下活动时，因为人员组织问题，她与其他部门的同事产生了不愉快，自己偷偷流眼泪。被大家发现时，她却很快调整好心情，一个电话接一个地打，邀请朋友来参加活动，并详尽地跟对方说我们的活动是如何好玩。活动的前夜确认好各个细节后她才离开办公室，当时已是夜里十点多，第二天她依然精神抖擞地出现在活动现场。

那时候，她还在准备研究生论文。虽然几乎每天加班，周末不休息，自己学业上还有很多重要又紧急的事情要处理，但是从不见她抱怨。3 年多时间过去了，L 已经升为部门主编，带领着一帮小伙伴在奋斗。现在的她，开朗、自信、阳光、成熟且优雅，年底组织一场几百人的活动也胸有成竹。

前些日子还见她发朋友圈感慨：五年前的我，研二，住宿舍，在电视台实习，做两份家教，内向、焦虑地度过一段迷茫空虚的时光，现在的自己和那时比，是全新的。

正如 L 所说，她现在是全新的，F 亦是。现在的他们，或许还没有取得世俗的成功，但他们的成长是有目共睹的，且这比世俗的成功要重要多了。

说到这里，或许有很多朋友又要说，我付出那么多，就是要成功，要加薪升职。要加薪升职没错，要成功也没错，可是，能否在你想加薪、升职、成功前把你手边的事情做好呢？这世上成功的方法有很多种，唯独没有做梦。

工作中，大部分人都犯了一个致命的错误——眼高手低。很多人不愿意做一些琐碎的小事，但就是这些小事，你琢磨透了，漂亮地完成了，就能给领导留下好印象，让领导看到你的能力和态度。你的工作能力强了，可发挥的空间就大，机会就越多。

只是大部分人，把工作当任务，完成了事。也有些人会觉得自己做了很多，但是却看不到结果，不愿再坚持，也没了耐心。其实，这就像栽树一样，你正在扎根呢。千万不要轻视行动的力量，认真做好你认为对的每一件事。因为，你的成长比成功更重要。

用著名新闻工作者熊培云的话说：如果不想浪费光阴的话，要么静下心来读点书，要么去赚点钱。这两点对你将来都有用。

打败自己的是自己

参加过一次有趣的心理测试活动。接受测试的人按要求蒙上眼睛，逐一被人带领到一条布置有桌椅形成障碍的通道前，然后按要求不能摘掉眼罩，摸索走过通道。因为眼睛看不见任何东西，接受测试的人没一个人不磕磕碰碰，但每一个人都能成功通过通道。第二次通过时，接受测试者就在通道口被蒙上眼睛，组织者还特意提醒他们看清桌椅障碍的放置地点。每一个测试者在第二次蒙上眼睛后，组织者迅速地把所有的桌椅全部搬走。结果，畅通无阻的一条通道，测试者无不花费远超过第一次有障碍时所用的时间。他们在事先记下的桌椅放置的地方不停地用手用脚去摸索碰触，由于没有碰到，就再也不敢大胆迈脚，似乎到处都可能有桌椅，有几个测试者最终迷失了方向，又绕回到通道的入口。

相同的情况下，为什么没有了障碍反而更难以通过呢？在场的一位心理学老师道出了缘由：第一次通过时，障碍桌椅在现实中存在着，测试者事先不知道过道里有什么障碍，也就无所畏惧，所以只管往前走。第二次通过时，那些桌椅虽然被撤掉了，但是测试者事先记下了具体位置，他们的心里就有了桌椅。第一次他们翻越的，是现实中的障碍。第二次他们翻越的，是他们的自信——相信自己的判断，相信自己的能力——即使有，也是能够翻越过去的。由于他们总是感觉桌椅就在下一次抬脚的位置上，越是碰不到，越是觉得离得近，他们越走越要谨小慎微。可见，任何一个再小的困难我们都可能在想象中无限地夸大。

我们经常会在心里不自觉地放置类似于上面测试中那些原本不存在的障碍桌椅。担心自己的学历太低，不敢去找自己梦想的工作；感觉自己的外语水平太差，一直不敢参加自己梦想的研究生考试；从小就梦想成为作家，却一直没敢动笔，就是觉得自己怎么看都不是当作家的料……这时候，我们就已经在通往自己目标或理想的道路上放置了无形的桌椅障碍。出于对这些障碍的畏惧，我们常常在通往理想的通道口一直徘徊观望，连踏上一步都不敢。而目标和理想搁置时间一长，就渐渐成了"梦想"——在睡梦里想想而已的念头，醒来连自己都觉得有些荒诞。

最强大的敌人不是现实中的那些困难，而是自己，是战胜自己对克服困难实现理想的畏难畏惧的心理。失败，常常并不是因为生活中的种种困难，而是我们对原本并不成问题的困难估计得太高而裹足不前，是败在了我们自己的心里。

关注人生 的另一面

一位渔民告诉我，因触礁倾覆的船比被飓风掀翻的船要多。人生的许多关头，不在于抗风雨，而在于补漏洞。

一位园丁告诉我，不是所有的花都适于肥沃的土壤。沙漠就是仙人掌的乐园。人生的许多成败，不在于环境的优劣，而在于你是否选对自己的位置。

一位羊倌告诉我，他很快活，因为他可以与野花攀谈与林鸟对话，随白云飘荡草原起舞。人生的许多空虚，不在于人的孤独，而在于心的寂寞。

一位厨师告诉我，鲜活的鱼没有挂糊油炸的，真正的好汤从不添加味精，而是慢慢熬成的原汁。人生的许多档次，不在于外在的包装，而在于内在的品质。

一位山民告诉我，艳丽好看的蘑菇往往有毒，苦涩的野菜常常败火。人生的许多智慧，不在于观察，而在于分辨。

一位炼工告诉我，铸钢有一道重要的工序叫"淬火"。把滚烫的火锭放到寒水里急骤降温。人生的许多辉煌，不在于狂热地宣泄，而在于冷静地凝结。

一位拍客告诉我，他们去遥远的山寨采风，有人拍回的组照名曰《苦难岁月》，有人随后举办的个人摄影展唤作《世外桃源》。人生的许多苦乐，不在于你的处境，而在于你看境遇的角度。

一位教师告诉我，他发现上课积极提问的学生比认真听讲的学生，到社会后有更强的适应能力。人生的许多境界，不在于跟随，而在于自我探求。

一位画家告诉我，大师的作品常常"留白"，太满太挤容易使人失去想象的空间。人生的许多魅力，不在于完美，而在于对缺憾的回味。

一位高僧告诉我，如来并不住在西方极乐世界，他就住在我们每一个人的心中，拜佛不如拜自己。人生的许多寻找，不在于千山万水，而在于咫尺之间。

找打的
智慧

　　落后就要挨打，这是人人皆知的道理。如何进步，避免挨打，这是每一个暂时落后者都要思考的问题。

　　李小龙初学武术时，也避免不了被动挨打的命运，但他的超人之处在于挨打之后不是退缩逃避，也不是一般意义上的韬光养晦、独善其身，而是变被动为主动，继续到胜利者和高手那里找打，在最短的时间内缩短彼此的距离，在超越自己的同时也领先于他人。

　　李小龙开始学咏春拳，初有所得，稍感得意，却被另一家武馆的一个端茶倒水的小生用"王家腿"轻轻松松地打倒在地。他备感羞辱，也深感震惊，知道山外有山，天外有天。他却没有躲起来独自发奋练拳，待到感觉良好再雪耻，而是在挨打之后毫不削减自己的勇气、信心和锋芒，轻轻地抖落掉伤痛，前往这家武馆主动找打，请那个小子再次痛打他一次。而他在找打的过程中终于悟透了对方拳术的精妙之处，比较出了咏春拳和"王家腿"的区别：前者的优势在于速度，长于粘打，越近越容易发挥特长，打在人身上就像锤子凿了一样；而后者的力量在于凶狠，动作幅度大，擅长拉开距离跟人打。

找打可能依然会输，但这种输在本质上跟被动挨打不同，因为它是前来寻找暂时落后的原因的，输了却得到更多，切身体验彼此的差别，在最小的距离里知己知彼，在最短的时间里找准症结，最终"师夷长技以制夷"，以最快的速度直截了当地提高自己，超越自己，别人再也不能够轻易地打倒自己。

李小龙主动找打的结果是，他将"王家腿"的精妙之处运用到咏春拳上，改善和提高了自己的拳术，在最短的时间内将对手变成手下败将，大大出乎对手和师兄们的意料。

师父告诉李小龙：与其说武术是练出来的，不如说它是打出来的。这个"打"字可做"挨打"讲，更可做"找打"讲，不过在李小龙那里"挨打"永远不如"找打"，这也是他最终能够成为一代宗师和巨星的一个很重要的原因。

变被动挨打为主动找打，就是要去掉虚荣心和羞耻心，不搞隔靴搔痒式的自我修炼，坦坦荡荡、理直气壮地去找对手请教切磋、提高进步，在最短的距离和时间内告别落后，远离失败。这种精神不但可以让人领先一个对手，而且能够使人超越更多的人，包括自己。

来到美国后，李小龙继续实践自己挨打不如找打的练武精神，向空手道高手、柔术大师、拳王们一一找打，取百家之长，补自家之短，打破当时武术家们闭关自守的局限，创造出练武者共享的截拳道，成为令后人无比敬仰热爱的创新武术家。

真正的巨人

大概每一个人在孩提时，都做过巨人的梦。

儿时的一天，晚饭后，我缠着父亲讲故事。"爸爸，讲巨人。"我说。爸爸和我坐在门前的小河边，爸爸的声音便像那河水温柔而低沉。

"从前，一年的端阳节，有一个小男孩让父亲带着去看龙舟竞赛。来到村前的小河边，只见同往年一样，岸边人山人海，一堵堵人墙挡在了他们面前。"

"河中鼓声咚咚，锣声镗镗，人声鼎沸……只听站在前面瞧得见的人说，看，那是 5 只龙舟同时开赛。这时，父亲将儿子挺举起来，并放在自己肩上。于是，男孩便不停地为父亲描绘那绚烂多姿火爆热烈的颜色与画面，那波澜起伏扣人心弦的场景。"

"男孩看到了龙舟竞赛便开始有些洋洋自得，开始嘲笑那些看不到的人了。甚至对父亲说，'你要是能看到就好了。'"

这时我对父亲说："故事中的男孩不可忘乎所以，他不要忘记了自己是坐在父亲肩上的。他能看得见，全在于他父亲的力量和智慧。"

父亲说："孩子，你的领悟是对的。世界上就每一个体本身而言，是没有'巨人'的。'巨人'只能是一种智慧的结合。"

不禁想到了这样一个故事。

一次，菲律宾的海洋学家兼海洋摄影师史蒂芬到菲律宾的宿务岛。一天，他潜入海底后，在一条 3 米多长的大鱿鱼快要游过来时，他的面前突然就出现了一条近 30 米长的大海豚。哪来这么大的海豚呢？

仔细一看，史蒂芬竟然发现这条大海豚的尾鳍少了半片。但一眨眼间，那半片少了的尾鳍就"长"圆满了。直到这时，史蒂芬才吃了一惊：这哪里是大海豚。原来是由一大群小沙丁鱼变化而成，那片尾鳍是由原先处于腹部的沙丁鱼游过来补上的。

更让史蒂芬看得目瞪口呆的是，这些沙丁鱼组成的"大海豚"，可以完全模仿海豚的游动姿势。瞬间，奇妙的一幕就出现了：那些巨鱿本来是冲着一大群沙丁鱼来的，可刚才还是黑压压的一群沙丁鱼不见了，却突然出现了一条比自己身体大数倍的大海豚。巨鱿在愣了片刻后，面对"巨人"般的海豚，随即落荒而逃。巨鱿哪里知道，这大海豚，其实是沙丁鱼摆起的"迷阵"。

在接下来的日子里，史蒂芬发现，这些沙丁鱼还会根据出现在它们面前敌人体积的大小，而排列起鲨鱼甚或鲸鱼的形态。那和那些鱼类惟妙惟肖的"泳姿"，直让一个个试图吞食它们的天敌们吓得向远方逃窜。

史蒂芬终于明白，在变幻莫测波云诡谲弱肉强食的海洋世界，最大不过 20 厘米，而且身上也没有什么奇特的护身刺的沙丁鱼，不仅没被那些庞然大物吞食尽，反而成了海洋里的大家族。原来它们凭的就是智慧与合作。

世上本没有巨人，但要是你善于借助他人及自己的智慧与力量，你也就会看到不同风景的"巨人"。

只有细藤才会结大瓜

　　植物园举行结大瓜结大果比赛。当消息一公布，果树们可开心了，它们挺直腰身，拼命汲取营养，你追我赶，谁都不让谁，都希望在大赛时尽显身手。

　　眼看着这些果树一天天长高，长粗壮，一些匍匐在地面的藤条也开始萌芽了。原本没有引起果树们注意的藤条逐渐增多，直到有藤条攀附上果树。果树听说这些藤条也要参加结大瓜果比赛时，很不屑地问："就凭你们那弱不禁风的身躯，可能吗？"藤条羞涩地低下头，但却并未放弃。

　　春去秋来，果树们与藤条都结果了。当果树们结的果子越来越大时，果树们发现了一个严重的问题：自己的枝条无法承受日益壮实的果子，几乎每个果子超出一定的重量，要么弄折枝条坠落，要么就会被风摇曳得跌落。最后这些果树就只得长出个头不大的果子。

　　而那些藤条上结的果实境况却大不一样。因为藤条柔弱，当他们的身躯无法承受重量时，他们就俯下身躯，给果实一个缓冲，直到果实找到可以倚靠的地方，然后再输送给果实养分，果实也就愈加成长。即使有大风来纠结，藤条也会随风而动，让果实能得到生存。

丰收的时候，果树们看着藤条所结的果实，再比较自己的果实，一个个涨红了脸。最后评比出来，结出大果实是攀在树枝上的冬瓜，还有把果实掩藏着绿叶中，屈居于地面的西瓜和南瓜，而他们都是藤条类的植物。

是什么原因让结出大瓜的都是比果实小很多的藤条类呢？原来，藤细，貌似不堪重负，实则柔中带刚，以韧性持久耐力，在软中寻出路，而生发出可以牵引的藤须等，衍生出更多更大的力量。

而果树因为干粗，则欲出人头地，想拔地而起，却不料遭遇大风大雨，不仅损花失果，而且被折枝拔根，最终屈服于残酷的现实，终未能得到大的瓜果。

自从结大瓜果比赛后，果树认识自己的处境。从此，高树结细果，纤藤挂大瓜成了鲜明的对比。

以柔克刚，屈一时的低头而铸就刚强，最终成就自己。做人便也该是如何，那就是容忍的力量。

种下
一个机会

谁也没想到，毕业于北京二外，英语过了八级的表妹会选择
做空姐。去年的这个时候，她跑来问我，你说，去工行做柜员和
到世界各地飞来飞去，我该选哪个？

这两个选项确实有点远。我只能说，看你想要什么样的生活。
没错，工行意味着稳定，空姐不一样，在职业的前半程，你可以
拿着比同龄人高的薪水吃喝玩乐，可是到了职业的后半程还得重
新找出路。可是，这姑娘铁了心要去看世界。几个月后，她如愿
以偿，法兰克福、墨尔本、东京、首尔、斯德哥尔摩……她说，
语言的优势很快让她在小组里脱颖而出，迅速得到飞国际航线的
机会。

看着她在德国的小火车上感叹老龄化问题，在墨尔本的黄金
海岸踩沙子，我想起这姑娘一年来的委屈与成长。

第一次来吐槽，是顾客把面包砸到她的身上。航空公司的面
包是硬了点，她一直在解释，可最终还是成了顾客的出气筒。我问，
那你当时是怎么做的？她说：我捡起面包进了工作间，进去之后，

眼泪就哗哗地下来了。我感叹，这姑娘好有职业精神。

第二次一起吃饭，她说，大家对她的评价是"不像90后"。嗯？看来你很靠谱。她乐，关键是大家都太把自己当公主了。举个例子。有一次飞行途中，飞机上的卫生间出了问题。空姐们都捂着鼻子摊着手，这可怎么办呀？其实谁都知道该怎么办，但就是没人肯出头。表妹看着洗手间门口的人越来越多，拨开众人走了进去。问题自然是解决了，她的雅号也来了，女爷们儿。

同龄人可以说出很多她被器重的理由，她自己也可以说出个人专业上的优势。我想说的是，每个人都有自己的机会前传，你最后得到的那个机会，并不是空投下来砸到你身上的。

总是被拿出来念叨的前传还有不少。某某对自己真够狠。刚到单位，就跟着小组做项目，本来是个无名小卒，项目结束已经成了头号种子。你说一小姑娘，啥杂事都干，晚上直接睡沙发上，这样的拼劲儿，哪儿不抢着要。

聪明人会说，我的精力是有限的，得有的放矢，做些对实现目标有意义的事。可是，你真的认为那些在职场中摸爬滚打的，他们在做每一件事的时候，都知道自己能收获什么吗？

要我说，他们种下的只是一种"可能性"。在每件事上，他们都用高水准要求自己，当高水准成为一种惯性，那些对付的、刚及格的，或者没有拿到高分的，在自己这儿首先就过不去。他们可能都没有意识到，是在什么时候种下了这些"可能性"，只是种得多了，收获的概率也就大了。

很多人会觉得，那仅仅是一种可能性，我为什么要付出那么多的精力呢？或者说，我只做能看到结果的事。于是，离结果最近的那些事，跟前堵了一拨人，虎视眈眈。在可能出彩的每一刻，他们却宁愿让自己闲着。这大概就是很多人的机会前传没有写好的原因吧。

最后说说我的同学。她在大学里做的那些事神经大条的我们最初都不太理解。

比如，周五晚上女生们忙着吃饭、逛街、谈恋爱，她却忙着泡英语角。学校里承办一些国际讲座，我们都是后排观众，她永远坐在第一排。终于有一天，我们发现了自己和她的不同——她坐到了台上，我们还在台下。

以后的每一场国际讲座，非外语专业的她都是当仁不让的翻译。值得一提的是，在做翻译的过程中，她认识了很多国外高校的教授，对方对她青睐有加。于是一毕业，她就出国了。

这个前传写得过于精彩且不露痕迹，以至于多年后我们还在讨论，她是太积极太向上呢，还是内心一直有把尺子。不过无论如何，这都是一本能拿高分的机会前传。

是机会
也是陷阱

一位富翁在非洲狩猎，经过三个昼夜的周旋，一匹狼成了他的猎物。在向导准备剥下狼皮时，富翁制止了他，问："你认为这匹狼还能活吗？"向导点点头。富翁打开随身携带的通讯设备，让停在营地的直升机立即起飞，他想救活这匹狼。

直升机载着受了重伤的狼飞走了，飞向 500 公里外的一家医院。富翁坐在草地上陷入了沉思。这已不是他第一次来这里狩猎了，可是从来没像这一次给他如此大的触动。过去，他曾捕获过无数的猎物，斑马、小牛、羚羊、鬣狗甚至狮子，这些猎物在营地大多被当做美餐，当天分而食之，然而这匹狼却让他产生了"让它继续活着"的念头。

狩猎时，这匹狼被他追到一个近似于"丁"字的岔道上，正前方是迎面包抄过来的向导，他也端着一把枪，把狼夹在中间。在这种情况下，狼本来可以选择从岔道逃掉，可是它没有那么做。当时富翁很不明白，狼为什么不选择岔道，而是迎着向导的枪口扑过去，准备夺路而逃。难道那条岔道比向导的枪口更危险吗？

狼在逃跑时被捕获，它的臀部中了弹。面对富翁的迷惑，向导说："埃托沙的狼是一种很聪明的动物，它们知道只要夺路成功，就有生的希望，而选择没有猎枪的岔道，必定死路一条，因为那条看似平坦的路上必有陷阱，这是它们在长期与猎人周旋中悟出的道理。"富翁听了向导的话，非常震惊。

据说，那匹狼最后救治成功，如今在纳米比亚埃托禁猎公园里生活，所有的生活费用由那位富翁提供。

因为富翁感激它告诉自己这么一个道理：在这个互相竞争的社会里，真正的陷阱会伪装成机会，真正的机会也会伪装成陷阱。

没什么不能放

　　我一个亲戚的孩子失恋了，十分痛苦，觉得天要塌了，每日寻死觅活的，就是无法割舍那一段感情，亲戚很担心他出事，让我去劝劝他。我苦口婆心开导了他半天，说得口干舌燥，不知他听进去没有，最后我也不耐烦了，给他撂下一句话：别自作多情了，世界上没啥东西是不能放手的！

　　果然，不到一个月，他就又领了一个漂亮姑娘回家了，前边的事好像没发生过一样。可能很多人都有过这样的经历，我年轻时也曾因失恋痛不欲生，一时间对爱情婚姻信心全无，甚至觉得失去了活着的意义。但也就是过了半年左右，碰到了我今天的妻子，建立了幸福家庭，不久又有了可爱的孩子。这些年走来，夫唱妇和，伉俪情深，我庆幸有了当初的放手，才有了后来的牵手。虽然偶尔也会想到失恋后的那一段不堪，但再也激不起任何感情的涟漪。

　　最不容易放手的，莫过于权力了，因其魅力与诱惑都很大。新希望集团董事长刘永好，一向自己掌管大权，总怕别人管不好，最近，他毅然放手，把管理大权交给了 33 岁的女儿。他觉得自己年龄大了，精力不够了，到了放手的时候，他说：我们不要去找死，也不要去等死，不等死就必须要变，只有创新，放手把企业交给更有活力的年轻人，企业才能屹立不倒。

血比水浓，亲情也是很难舍弃的，可每人一生要有若干次与亲人告别，每次都会如撕心裂肺一般疼痛，但我们还是放手了，走过来了。汶川大地震，成千上万家庭失去了亲人，创伤剧痛。但坚强的汶川人没有被灾难压倒，几年过去了，许多人重建了家庭，又生了孩子，走出了地震的阴影。

爱情如此，权力如此，亲情如此，还有友谊、恩怨、地位、官帽、荣誉、钞票等身外之物，无不如此，当放手时须放手，如果死抓住不放，只能自寻烦恼。既然生不带来，死不带去，有此不多，无此不少，那就犯不着为了那些未必不能放手的东西去耿耿于怀，去日思夜想，去自怨自艾，去牵肠挂肚。

在非洲的热带丛林里，人们用一种奇特的狩猎方法捕捉猴子：在一个固定的小木盒里面，装上猴子爱吃的坚果，盒子上开一个小口，刚好够猴子的前爪伸进去，猴子一旦抓住坚果，爪子就抽不出来了。人们常用这种办法捉住猴子，因为猴子有一种习惯：不肯放弃已经到手的东西。因此人们总是嘲笑猴子的愚蠢：为什么不松开爪子放下坚果逃命呢？其实，反思一下人类自己，在这个问题上许多人都比贪婪的猴子高明不到哪里去。古往今来，因只会伸手不肯放手而丢掉性命的又何止万千？

《菜根谭》说："两个空拳握古今，握住了还当松手；一条竹杖挑明月，挑到时也要息肩。"人这一辈子，手经常处于两种状态，一是伸手，二是放手。伸手，这是人人都会的动作，出自"本能"，教都不用教，婴儿生下来就会伸手乱抓，抓住什么是什么。放手，本是一个更简单的动作，但有些人却一辈子都没学会，抓钱抓权抓官帽抓房子抓荣誉只知伸手，从不会放手，只有大限到时，才会手一松，脚一蹬，两眼一闭，万事俱休。因而，一个心态正常的人，应当既会伸手又会放手，该你得到的东西，尽可以努力争取，不论功名利禄；不该你得到的东西，就不要伸手，别忘了"伸手必被捉"的教训。

这个世界上没有什么东西是不能放手的，所差别的无非是主动还是被迫放手罢了。或许是用情太深，有些东西我们觉得一放手就会天塌地陷，没法活了，其实未必。李叔同弃了家室，楚霸王舍了天下，柳三变轻了功名，沈从文离了文坛，姚明别了篮球，李娜扔了麦克，地球该咋转还是咋转，无非给后人留了一段谈资罢了。

别让大学
白上了

2007 年我做出了一个选择，放下大学生的架子，进入了一个大型铸造机械公司，当起了一名普通的安装工人。

进入车间，你会看到很多戴着近视眼镜，长相斯文的大学生，戴着安全帽，手里拿着各种工具，忙忙碌碌。一名来买机械产品的外单位采购人员，惊讶地问："你们车间怎么这么多人戴眼镜啊？"班长笑说："他们当中有不少是大学生呢。"那人听了摇了摇头，说："哎呀，大学生多了，不值钱了。"虽然他的话不是很悦耳，但却是现实。

刚进车间时，我注意到有一个和自己年龄相仿的大学生，大高个儿，整天笑呵呵的，非常乐于助人，大家都很喜欢他。在一次安装大型抛丸清理机时，行车工将一台电机吊起来向设备内部安装，由于设备太大，存在很多视角盲区，所以没有发现他，电机就朝着他所在的方向吊了过去，幸亏他反应快，躲进了设备角上一个凹形的空间里。地面上指挥人员发现及时，行车工也及时调整了方向，但是由于惯性，电机下面的电机座还是挨着他的后背碰了一下。虽然只是受了点皮外伤，但还是回家休息了十多天才好。这才知道不管是大学生还是一般工人，都得打起十二分的精神专心工作才能胜任，绝对不能有半点马虎。

在车间里，我选择了从事一些有技术含量的工作。一开始班长让我和一位师傅学习烧电焊，几天之后，突然感觉眼睛不住地往外淌眼泪，脸上还开始蜕皮。这下我急了，于是到医院检查一番，医生说是被电焊的光弧给灼伤的，问题不大，蜕一层皮就没事了，悬着的一颗心终于放了下来。以后自然是小心翼翼，我不再对自己的岗位嘀嘀咕咕，开始埋头专心致志地工作。

慢慢地我开始钻研电焊技术，电焊主要有两种烧法，一种是平焊，难度较小；一种是仰焊，也就是竖着烧，难度较大，一般来说，需要相当长的时间才能掌握。我从最初的电焊基本功开始练起。我找了两块铁板，最初的目标很简单，只要能将它们焊在一起就行了。接着就开始练平焊，这其中有不少技巧，为了加快速度，我向大个子拜师学习。

大个子在烧电焊方面简直有着与生俱来的天赋。据班长说，他仅仅用了不到一周的时间，就将仰焊烧得整整齐齐、有板有眼，我想此人一定有过人之处。果然不出所料，他教我的烧电焊方法都非常独特，也很简洁实用，和那些师傅们的老旧方法大不一样。

工作之余，大个子有一次和我半开玩笑地说："实在不行的话，咱们找个船厂当电焊工去，一个月也能挣三千多块呢。"我说："那咱们四年大学不是白上了？"他说："如果没有施展的平台，恐怕就是白上了。照我看啊，咱们现在一定要多吃苦，多长本事。盯着轻松的岗位不长进，那是死要面子。咱们现在这样靠力气和脑子吃饭，不丢人。"

后来我们车间实行计件工资多劳多得制度，这项制度对于那些已经是成手的熟练师傅们是个优势，他们本身干得就熟练，而且通常都是两个人一起搭档工作，效率高。我也开始在车间寻找自己的搭档，经过考虑，最终我和一位机械专业的大学生成为搭档，因为他能看懂机械安装图纸。他人长得胖乎乎的，脾气很好。

我们两人，一文一理，一瘦一胖，同心同德，合作得非常愉快。到月底，我们两人的工资居然超过了一些干了很多年的大师傅，我不由感慨，看来"知识就是力量"这句话一点都不假啊！一年不到，我们这些大学生彻底变成了一批高素质的技术工人，电焊、气割、各种安装工具，样样精通。

我有一次听同事说他宿舍的大学同学毕业之后，由于一直找不到体面的工作，读起了"家里蹲"研究生。我心里感慨：为找体面工作不惜在家啃老，那才是真的白上了四年大学。

诺贝尔奖
得主的缺口

　　他生于美国西弗吉尼亚州的一个中产阶级家庭，父亲是一位电子工程师，母亲是拉丁语教师，一家人的生活很富足。

　　他把心思和精力全部花在功课上，成绩却很糟糕。到了中学，他的物理和化学成绩频频出现零分。在家长会上，数学老师向他的母亲抱怨，因为他常常使用一些奇特的解题方法，让老师也理解不了。有几次在课堂上，老师演算了整整一黑板的习题，他只用简单的几步就解出来了。这不仅没有得到老师的表扬，反而认为他好逞能搞怪。由于老师和同学的冷落与排斥，他变得更加孤僻了，成天钻进书堆里，不愿出去和孩子们玩耍。

　　高中毕业后，他没能顺利考上大学。然而，著名的普林斯顿大学得知他的情况后，毅然向他张开了怀抱。就这样，他走进了爱因斯坦等世界级大师曾云集的数学中心。大二时，他分到了一个和物理专业联合的"数学粒子"问题。这个问题尚在起步阶段，没有人敢接手，但他充满信心。从那以后，他就把图书馆当做自己的家，把时间全部花在功课上。在同学们的眼里，他简直是个"神经病"，他精力过人，每天至少要工作 15 个小时，经常一个人偷偷跑到楼道里去看书。

他沉浸在数学的王国里，思考了许多古怪的事：他担心被征兵入伍而毁了自己的数学创造力；他梦想成立一个世界政府；他认为世上的每一个字母都隐含着神秘的意义，只有他能够读懂；他有时对着天花板发呆，幻想生活中的许多事情都跟神秘的数学符号有关……生活中的他依然喜欢独来独往，卖呆发愣，以至于别人都认为他真是"疯子"。不久后，他就被送进了精神病医院。

住进医院后，他仍然在想那些数学问题，有时还深夜爬起来在纸上写下一连串数字论题，并不时对着问题痴痴地发笑。不知情者都以为他的病情很严重，但后来经过医院进一步证实，他是一个正常人。

出院后，普林斯顿大学并没有嫌弃他，再次留下了他。也许在别的地方他会被当成一个疯子，而在这个广纳天才的普林斯顿，却执著地认为他可能是一个天才。经过 10 年沉醉于数学的生活，他的名字开始出现在数学和经济学等领域的各大学术报刊上，25 年后，也就是 1994 年，他彻底苏醒，迎来了生命中的一件大事：他荣获了诺贝尔经济学奖。

他就是纳什，他创造了纳什均衡和纳什程序。

在诺贝尔奖颁奖典礼上，他这样说道：这漫长的 25 年，在其他人看来，我活在不真实的思维里，几乎所有的命运之门都对我关闭，但我找到了"数学"这个缺口。当我找到它时，非常兴奋和无比快乐，我顺着它一路爬过来，就获得了今天这枚奖章！

人生需要
轻装简行

许多时候

人生并不需要太多的行李，

只要一样就够了：

爱。

生存的
智慧

是时间的河流，捡拾失败和成功混杂的碎片？然后把它们筛选、收藏并不断地传承？

——题 记

[天高任鸟飞]

盛夏的午后，蝉歌嘹亮。浓荫密缀的小树林，风吹动叶子，发出沙沙地响声，如同一群绿色的蝴蝶边舞边歌。几声清脆的鸟鸣引起了我的注意，我循声观望，绿叶间两只麻雀时隐时现。我毫不犹豫地认定那是母子俩——从那只成年鸟儿的眼神和动作中我感受到了一种无可替代的关爱。它的嘴里含着一条青虫，正慢慢地靠近它的孩子——一只小麻雀拼命张大嫩黄的嘴巴，不断抖动娇小的双翅，嘴里发出稚嫩的、没有任何顾虑的喊叫声。

我的迫近引起了老麻雀的警觉。它用严厉的目光呵斥住孩子撒娇般的声音。我的动作已经够轻够慢，我的注视足够温暖柔和，为何它仍然怀有如此的敌意？

我继续挪动脚步，仰头费力地观看——我几乎和它们处在了垂直的位置。这时，意想不到的一幕出现了，那只老麻雀竟然像一朵被风吹落的花，扑棱着双翅斜斜地向前坠入草丛。是一只受伤的鸟儿！这个念头迅速在我的脑海闪过。难道是因我的打扰让它受到惊吓而掉落？在好奇心的驱使下，我没有选择离开，而是继续靠近欲探究竟。在我再次靠近后，草丛中的麻雀再一次艰难地贴着地面飞逃，几次起落，小树林已远远地落在了我的身后。就在这时，那只再一次跌落草丛的麻雀，突然间就恢复了往日的神勇和矫健，双翅一抖，瞬间消失在了前方。

我的内心慢慢地蓄满哀伤：是怎样的经历，让一只鸟儿挖空心思，欺骗一个对它没有任何设防的人？

我饲养的一对直立形卷毛金丝雀，作为观赏鸟，算是比较高档的一个品种了。但它们在产卵、孵化、育雏等方面，相比普通的品种却处于明显的劣势。为了提高繁殖数量，我准备了几对普通种群充当保姆为其代孵。

对于我来说，这是一件新奇、有趣的事儿。在卷毛产卵以后，我适时将卵取出，放在正在孵蛋的普通金丝雀巢内，这不由得让我想到了把卵产在其他鸟巢的杜鹃。

可卷毛不是杜鹃，它在发现丢失蛋卵后焦急地四下寻找，不停地哀鸣，满眼的悲伤，让我终感不忍——我有什么资格剥夺一只鸟儿做母亲的权利？于是半日之后，那枚蛋卵又重新回到了卷毛的巢内。

鸟类是建筑领域里的艺术家。园丁鸟、织布鸟、喜鹊、燕子……它们运用非凡的智慧，将自己的住所建造得让人叹为观止。可是，一旦被人类驯化，它们在"衣来伸手、饭来张口"的生活中将很快把祖传的技艺抛弃。然而有这样一只鸟儿，却大大出乎了我的意料。

那一日，我照例到阳台看望一对即将产蛋的牡丹鹦鹉，却发现了一个意外的现象：其中一只鸟儿羽毛蓬松，身上沾满木屑，像一个蓬头垢面的病孩子。莫非是发生了什么状况？看到我的靠近，那只鸟儿迅速钻进了事先为其准备好的箱巢内。几分钟后，就在我仍然为它担心时，那只鸟儿又从巢内出来了，这次却是羽毛紧束，神采奕奕。到底是怎么回事？我退出阳台，躲到暗处，总算看清了事情的真相。那只浑身金黄、面色桃红的鸟儿，用它坚硬的喙，将木质的栖杠撕扯下如牙签大小的一段，别到翅羽中间。它锲而不舍地重复同样的动作，不一会儿，它就把自己变成了一只长着羽毛的"刺猬"。然后，它艰难地回巢，带着这些精心选制的建筑材料。

这只鸟儿让我充满了由衷的敬意。我甚至想，将来它的孩子，或许可以重回自然的怀抱。

阳台外的窗棂上落着一只红嘴相思鸟，羽毛蓬乱，目光呆滞，如同一个迟暮、落魄的美人。我打开窗，它就迫不及待地飞了进来，抢着吃我手心里的米，看不出丝毫的戒备。和谐只是一种假象——这是一只被养熟的鸟，已失去了在大自然中的生存能力。

当学者、专家四处奔走抢救非物质文化遗产的时候，当作家将故乡写到书里的时候，人们是否意识到，已忘记了祖先的容颜，已找不到返回故乡的路。

会有那么一天，经过驯养的鸡鸭牛羊，甚至是狮子老虎，将无法摆脱逐渐走向消亡的命运。那是因为，它们所依赖的人类，已先于它们在地球上消失。

[海阔凭鱼跃]

和空中展翅的鸟儿一样，畅行在水中的鱼儿在另一个世界里自由遨游。

几年前，我和朋友合伙承包了两块鱼塘，面积大的那块放养鲤鱼，我们称之为大塘；面积小的那块放养鲫鱼，我们称之为小塘。大塘是小塘的 3 倍。当然，大塘里也掺杂了少许鲫鱼，小塘里也混养了部分鲤鱼。一年后清塘捕鱼，大塘的鲤鱼每尾一斤左右，小塘的鲫鱼每尾重约半斤，达到了我们预期的产量。但有一个现象出乎了我的意料：大塘的那少量鲫鱼和小塘的鲫鱼大小相差无几，但小塘的鲤鱼却只比鲫鱼稍大，比大塘的鲤鱼足足小了一半！思索良久，"鲤鱼跳龙门"的故事给了我答案——鲤鱼不断跳跃寻找更宽阔的水域，鲫鱼却按兵不动，是因为它们深知怎样的环境更适合自己的生存。

混有大量植物蛋白纤维和各种腥、香、甜等味道的饵料，包裹着一枚尖锐、坚硬的钩。像一颗用温柔覆盖着的险恶的心，被一根极易忽略却韧性十足的细线操纵着。鱼饵入水后，迅速溶解成轻柔若彩云般的絮状物。诱惑看似不动声色，却暗藏杀机。弥散开来的味道让鱼儿身不由己地靠近，无须刻意地抢夺，仅是一张一翕的瞬间，"云朵"已飘进嘴里。这样的过程，让人想到灯红酒绿里的红颜——没有语言的交流、肢体的接触，只是一个眼神，已让对方陷入深渊无法自拔。

装饰和欺骗之间从来就没有一条明显的界线。电视里天花乱坠的广告，生活用品中金玉其外的包装，假冒伪劣产品的日益泛滥……装饰能够带来视觉的美感，欺骗只能造成身心的双重伤害。垂钓现象折射出的，是鱼儿的无知，还是渔者的高明？

被丑恶所掌握了的智慧，制造出了更加不同凡响的效果。2009 年，报社的一位编辑约我写一篇关于"钓鱼执法"的评论。

可怜我整日呆坐家中，已到了"乃不知有汉，无论魏晋"的地步，哪里知道执法还能和钓鱼扯上联系？只好红着脸到网上查询，如同寻找当事人孙中界的那半截手指。

如果有一天，你在大街上遭遇"被车祸"，你的信用卡被透支，你的网络被黑客攻击……请不要意外和愤怒，善良往往会为它的对立面埋单——这难道就是达尔文所述的"适者生存"的法则吗？

[春风花草香]

我是那样惊叹植物的生存能力和存在历史。早在 25 亿年前，地球上就出现了藻类和菌类植物。植物凭借进化过程中不断增长的智慧，成为地球上最强大的生命体，它们为地球生命的延续提供了最根本的保障。

秋风萧瑟，草木凋零，寒冷的日子越来越近了。我缩着脖子，裹紧了身上的衣服，抬头看阴冷的天空，却发现枝头一片片枯黄的叶子从从容容地飘落下来，那样沉着，那样安详。年少的时候，我总是不明白，为什么在人们不断往身上添加衣服的时候，大树却脱下昨日的盛装，赤裸着身体在寒冷中颤抖？长大以后我终于懂得，落叶的树，在艰难中选择放弃，是为了更好地感受前路的春暖花香。

冬天里，当我们躲在屋内享受现代科技进步带给我们的温暖的时候，是否听到，窗外银色的世界里，正传来一曲迎接春天的歌。

一棵主干须几人合拢才能围起的千年古树，如果连根拔起，不伤之毫厘，其延伸到达的范围必然超出了我的想象。植物依靠强大的根系，得以挽留住土壤和水分，并从中获得生存需要的营养供给。这些上帝的好客的孩子，招呼蚯蚓、蚂蚁和它们做邻居，收留无家可归的鸟儿，邀请斑斓的蝴蝶参加集体舞会……

也正是有了这些看似柔弱的根，让它们坚强地面对残酷的烧杀掳掠。

苍耳躲在大动物温暖的背上长途旅行，蒲公英在风的吹拂下飘向远方，果实利用甘甜引诱动物并使种粒在动物排出的粪便中萌芽，花朵散发香气招来蜂蝶并在蜂蝶的帮助下完成受孕……

相对于人类，植物的生存、繁殖方式是那样地充满智慧又温文尔雅，它没有排他性，没有侵略性，在互利共荣的基础上实现了最持久的生存。

善待生命，尊重生命，敬畏生命。这是人类得以继续生存的大智慧。

创意
之美

朋友开了家陶器厂，依托大汶口文化精华做起了仿古陶生意。一开始还算红火，可几年下来生意就陷入了困境。翻来覆去就那么几十种式样可仿，自己看着也不美了，更别说销路了。库存产品越来越多，朋友也是一筹莫展。

我建议朋友不妨扔掉"仿"字，创新陶器的式样、花色、用途，立足实用性、观赏性做文章。

朋友大发感慨，他不是没想到过创新，可创新不是件容易的事，一没专业人才，二没研发经费。再说了，好的式样都让古人做过了，还有太多的人已经创新在前，很难超越。朋友说得极是，记得一位哲学博士曾经道过这样的苦恼，他在哲学领域满头大汗地钻研，刚觉得有点新发现，抬头一看，老子、庄子、苏格拉底已经微笑着站在前面等着他了。一位戏剧大师曾这样总结，古今戏剧作品就剧情来讲不外乎27种情节类型，现在一切的作品仅仅是这27种情节的组合而已。不过，这并不影响文艺创作的花样翻新。

我与朋友说起近来看过的一场时装展的观感。那是一场在澳大利亚墨尔本举行的"中国元素"为基本内涵的时装展，比例、色彩、廓形、材质无不中国化。水墨丹青、陶瓷青花、绣龙刺凤，还有折扇、中国结，都融入了服饰中。T台上，女模们一会儿头戴瓜皮帽走来，一会儿又头顶盖碗、茶壶头饰炫彩，更让人捧腹的是，连大红灯笼都成了手包。这仿佛是一场民俗工艺博览会，如果你觉得这似乎有点荒诞滑稽，那就错了。场上观众掌声不断，场外也是好评如潮，因为不一样的形式给人带来了不一样的观感。

朋友也许是从这次谈话中受到了启发，不久，创新作品接连不断。什么棒球瓶、保龄瓶、补丁瓶，长寿壶、福禄壶、弥勒壶，情侣挂件、白陶象棋等等，多得一发而不可收。从朋友的气色中，不用问，就知道了新产品的销路。

朋友在当地最好的"唐诗酒坊"请我吃饭，高兴地说："酒喝好的，菜点贵的。"看着那些诱人的用唐代诗句做的菜名，我点了一例"两个黄鹂鸣翠柳"。菜端上来一看，俨然是一幅风景画，两个用蛋黄雕就的黄鹂，卧在一片碧绿的西芹上，旁边还点缀着白色的百合。我和朋友都笑了，这是一盘西芹炒百合。我猜想，那盘"一行白鹭上青天"，说不定就是诗化了的"水煮鹌鹑蛋"。

其实，太阳底下没有什么新鲜事，只不过表现形式不同而已。就像天晴久了阴一下，阴久了下场雨一样。能换个形式创造美，世界就不显得那么单调。

灵魂的
格局

一只蚂蚁拖着一穗麦芒，它发现无法拽进窝里，就把麦芒拖到一边，为其他蚂蚁让路。

这，就是一个生命的格局。

格局是一种气度，是一种情怀，是心灵里山高水阔，是精神深处天地澄明。有大格局，才会成就人生的大气象、大意境、大趣味。但无论多大的格局，首先要有一种容纳、一种尊重，胸怀里要盛有世界，心底里能装下他人。也基于此，太自私的人，没有格局；太无情的人，也不会有格局。

中国人在建筑上是讲究大格局的。门楣要高，屋宇要广，庭院要深，然后，杨柳堆烟，帘幕无重数。其实，这也是每一个人喜欢的人生格局。襟怀要大，气象要大，三千里驿站与亭台，八千里疏云和淡月，在国人看来，格局一大，内心就会宏阔，精神就会逍遥，灵魂就会奔逸自由。

跟有大格局的人交往，有通透的快感。那感觉，仿佛你走在幽暗里，突然间，整个世界的窗户，为你一扇一扇打开，然后，阳光匝地，风烟俱静。

大格局，说到底，是大眼界、大智慧、大涵养、大气度。也因此，小肚鸡肠的人，睚眦必报的人，锱铢必较的人，都难有大格局。心眼小，仇恨大，计较多，都会是心性的泥淖，难以让人清丽出尘，步入大格局的宏大境界。

不要在利欲熏心的人那里找格局，也不要在追逐权力的人那里找格局。一个内心被钱权诱惑和迷乱的人，是不会有格局的。真正的格局，只生长在恬淡的心境里。若一棵树长在旷野，风徐徐地吹，云含情地过，花香偷眼，流水迷离，但它依旧是一棵树，坚守在旷野里，四野疏阔，八风不动。

才大而器小的人，有格局，但格局终会促狭；才微而德盛的人，有格局，且格局会越来越寥廓。才能会使格局的内在丰富，德行会让格局的外延宽广。有大才大德的人，即便是眉宇方寸之地简单的一念流转，也可见大格局澎湃。

欲望是格局的大敌。无论多大的格局，一经欲望和贪婪咬噬，就会眼界短浅，就会襟怀窄小，就会肚量褊狭。一个人，若从大格局中滑落下来，属于生命的最炫目的光亮也就萎落了。之后，无论他再拥有多少，也再难见雍容华美的大气象了。

金岳霖深爱着林徽因，却宁愿，隔着一生的距离守望。在他人生的最后，有人想得到他跟林徽因的种种故事。他说："我所有的话，都应该同她自己说，我不能说。"顿一下，他接着说："我没有机会同她自己说的话，我不愿说，也不愿意有这种话。"

我想，这该是这个世界爱的大格局了。这来自灵魂的格局，令人唏嘘不已。

倾听花开的声音

有一个小沙弥非常爱炫耀，有一天，法师送了一盆夜来香给他。

第二天一早，小沙弥高兴地对法师说："夜来香真是太奇妙了，它晚上开放，清香四溢……"

法师就问小沙弥："它晚上开花的时候，吵你了吗？"

"没有，"小沙弥高兴地说，"它的开放和闭合都是静悄悄的，哪能吵我呢？"

"哦，原来是这样啊！"法师说，"老衲还以为花开的时候得吵闹着炫耀一番呢！"

小沙弥的脸唰地一下就红了。

我想，触动小沙弥的除了法师话中的"点睛之语"，定还有夜来香的特质：静而不喧，香而不炫。这是一种自在的内敛之美，这是一种清幽的独赏的境界。

独赏是一种"人誉之一笑，人毁之一笑"的超然与自信。记者问刘震云："你的《一句顶一万句》获得了茅盾文学奖，你有什么感受？"刘震云说："得知这一消息时，我正在菜市场买菜。

没有特别的感受。我喜欢我这部小说，它获奖了，我喜欢；它没获奖，在我心中它的价值不减。"

懂得独赏的人像暗放的花儿，像春夜的雨，像流动的云，是自然，是天成，是本色，是无畏。不需伪装，无须矫饰。

独赏是一种稳坐幕后的宁静与淡泊。喜欢钱钟书婉拒记者的幽默："假如你吃一个鸡蛋觉得不错，何必要认识那下蛋的母鸡呢？"或许，让我们难以企及的不仅是大师的天赋和成就，还有那源自内心深处的泠泠作响的宁静之泉。

孔子说："芝兰生于深林，不以无人而不芳。"有些宁静之音是与生俱来的，在闹市不变其色，在僻壤不易其香。这样一种人，即使在深山，亦能千娇百媚地绽放；即使在幽谷，亦能如醉如痴地芬芳。

独赏是历经风吹雨打后的从容和豁达。刘禹锡被贬二十三年，依然"静看蜂教诲，闲想鹤仪形。法酒调神气，清琴入性灵"，不怨，不争。悟蜜蜂精神，想君子仪形；喝酒不为解闷，只为调节精神；弹琴不为消愁，只为陶冶性情。

梁漱溟认为，人类面临三大问题，顺序错不得：先要解决人和物之间的问题，接下来要解决人和人之间的问题，最后一定要解决人和自己内心之间的问题。

这最难的怕是要解决人和自己内心之间的问题了。

人和物之间的问题，随着年龄的增长可以通过慢慢积聚来解决；人和人之间的问题，可以通过彼此的宽容和忍让来沟通解决；而人和自己内心之间的问题该如何解决呢？名利多的时候就浮躁，杂事多的时候就急躁，难事多的时候就烦躁……

那就让自己沉静下来，静成一棵松，静成一道岭，静成一条路，在风雪中挺拔，在寂寞中坚守，在踩踏中延伸，听风听雨听鸟鸣，赏花赏月赏自己。

白岩松在采访的时候，碰到一位老人，那老人在路旁的花坛边驻足，探身倾耳。白岩松很好奇，那老人说："我在倾听花开的声音！"

任凭市音聒噪，我自独赏天籁！

喧闹的是世界，宁静的是心灵。请留那么一刻，让自己驻足，闲看一片叶子悠悠地飘落，静听一棵小草懒懒的打呵欠。在胸间种一树繁花，在心底植一丛绿竹，遥想，花香盈怀、翠影飘摇。

人处世间，自会有俗事相扰，在处理好人与物、人与人的关系时，也应该适当留一点时间给自己，倾听自己内心的声音，保持心灵的愉悦。很喜欢梅子的一段"忠告"：爱一个人不要爱到十分，八分已经足够了。剩下的两分，用来爱自己。

是啊，爱物、爱人是应该的，但是自私一点又何妨？

让自己像悄然绽放的夜来香，在暗夜中把自己欣赏成一个怒放的奇迹，一个百花的传奇，一个逐梦的天使；暗暗传香，不惊扰别人；静静独赏，不慢待自己。

生命
之数

　　人活着是一时一刻都离不开数的，吃多少，睡多少，走多少路，住多大的房子，有几个孩子，挣多少钱，今天是哪年哪月哪一天，你是哪年哪月哪天出生的……时间是数字，空间也是数字，历史是数字，现实也是数字，每天你一睁开眼就是数字：几点起床，若不是有急事起晚了，一般都会在床上赖几分钟，或者做一套保健操，比如最简单的揉腹，就得数数，按9的倍数顺时针旋转99下，逆时针揉搓99下。起身后坐上半分钟再下地，喝一杯凉开水，然后用手指梳头72下，搓脸36下。

　　晨练就更是一串数字，骑15分钟的自行车到游泳馆，准备活动甩臂正向18下，反向18下，下蹲9次，俯卧撑18个，左右腿各压99下，下水游1000米，费时25分钟，其中蝶泳200米，蛙泳200米，仰泳200米，自由泳400米。

　　我曾经试过，游泳的时候不计数，随心所欲地瞎游一气，游到不想游了为止。结果根本游不出兴头来，游上几趟就烦了。

　　瞧瞧，只一个早晨就收获了这么多数字，可见人无论干什么，没有数字的规范就什么都干不成。游泳后在回家的路上经过菜市场，受老伴儿之命要捎点青菜回去，见一女摊主在左手背以及小臂上记满了数字，显得醒目而怪异。原来活在数字里的不光我一个。数字女摊主的摊位前总是围着比别的摊位更多的人，我想有许多顾客是好奇她手臂上的那些数字。每到清闲要算账时，她不是清点口袋里实实在在的钞票，而是对着手臂上的数字念念叨叨，神情专注地沉浸于自己皮肤上的数字里……她辛苦一天就得到了那些数字？我猜她不是简单地算账，那些数字对她一定还意味着一些别的内容。当她对数字满意时，脸上就会露出笑容，拍拍手，晃晃头，松开头发，然后又三挽两结，让脑后耸起一个高髻，颤颤巍巍地流荡着鲜活的惬意。

干一天能收获几个数字，也应该能让人感到充实和欣慰。我一天的收获也得体现在数字上，写了多少字，或者干了多少别的事情等等。所有人的所有劳动成果、收获所得，最后都可归结为一连串的数字。人的所有规划和目标，最终也要落实在数字上。人活一生的各种不同境界，古人早就用数字界定好了："十年曰幼，学。二十曰弱，冠。三十曰壮，有室。四十曰强，而仕。五十曰艾，服官政。六十曰耆，指使。七十曰老，而传。八十九十曰耄。"同样，每个人生命的坐标也要用数字显现：你活了多大年纪，上了多少年学，工作了多少年，收入多少，住在多少楼多少号，身份证号码是多少，还有你的身高、体重、血压、脉搏、视力……

一具活生生有灵魂有筋脉的极其精密复杂的人体，用一串冰冷而准确的数字就全代表了！别说是一个人，就是一座城市、一个国家，用几个数字也足以概括出它的现状。比如国民生产总值为多少、财政收入如何？即便是偌大的世界，也可用几个数字就说清楚：去年全世界的国民生产总值是 32 万亿美元，仅美国就占去 11 万亿美元，分走了全世界的 30% 还多。这些数字一摊在眼前，人们随即便明白美国人为什么总是那么"牛"了。

据说将人体进行精密解剖得到的数字再制作成人，即以数字化的方法模拟人的形态和机能，就叫做"数字人"。而"数字人"，是宇航员行走于太空不可缺少的"保健工具"——注意，由人的拆解而得来的数字再还原为人，专家们就不再称其为人，而叫它"工具"。

你看看，人变数，数变人。人是数，数是人。人玩数，数玩人。有多少人迷失在数字里，甚至搭上了性命，最后都没有真正读懂现代数字化的含义。

给　予

　　曾经有一穷汉问佛：我为啥不能成功？佛曰：因为你未学会给予别人。穷汉反问：我身无分文如何给予？佛曰：一个人即使没有钱，也可给予别人七样东西，颜施：微笑处事。音施：多说鼓励赞美安慰的话。心施：敞开心扉诚恳待人。眼施：给予别人善意的眼光。身施：以行动帮助别人。座施：谦让座位。房施：有容人之心。

　　这是一段寻常文字，平实而美好，我一一记心，并时时反省我是否已做到。佛心向善，真诚的，善良的，才是美好的。怀着对佛的敬重，我慕名来到中台禅寺。

　　中台禅寺位于台中的南投县，始建于上世纪 90 年代，2001年对外开放，耗资五十亿新台币。主建筑楼高十六层，目前向游人开放的只是一、二两层。主楼四檐皆由黄铜所铸的巨型莲花瓣相拥相衬，逐层向内收紧，俯看去应该就是一朵巨型的莲花。仰视之，庄严而富丽。所有外墙都是用意大利进口的大理石贴面。进入正殿，空间视觉上很像梵蒂冈大教堂，层高和深度都远远超出我们寻常对于寺庙的认识。大殿内四角的佛像石雕则"顶天立地",高约二十米。沿台阶往上行,心底对于佛的敬仰也随台阶攀升。

在中台禅寺,礼佛不烧香。所以没有人一路跑着碎步跟在身后推销香烛。于是寺庙便少了烟熏味,多了份宁静与幽雅。寺内的僧、尼一律素素的,快步行走,与他们相比,只觉得自己躁而俗。禅寺建在山坡上,周边被葱绿环绕,所以在台中,去寺庙也叫进山门。

寺内的住持名惟觉,年已八十多岁了,但思维敏捷,能写一手地道的唐楷,寺内所有匾额、门联皆出自他的手笔,书法与建筑相得益彰。而整座寺庙完全由惟觉多年辛苦化缘积累所建,仅设计就花了整整三年,细细推敲,以臻完美。

我去的时节在初冬,绵雨之后初晴,天空蓝得似水晶一般有穿透感,云白得耀眼,像北欧的晴空。正赶上火焰木的盛花期,禅寺门前大片的火焰木于树梢吐着火红的焰苗,花朵比凤凰花硕大,比木棉花柔媚,在浓密的羽状叶里,艳到无以复加。

沿着火焰木的方向下行,我走到了禅寺的后院,这里有许多几百年的古木,都是从世界各地移植来的,树型奇绝,有摩纳哥的合欢树,菲律宾的黄连木,缅甸的鹿角树,澳洲的柠檬桉……这些移居的树木已在寺内扎根开花,枝繁叶茂,开始了她们迈向千年的里程。

在大树隐映的侧殿中，我无意中发现了几十尊保存十分完好的历代石刻佛像，面容清朗，气度从容，有的石像高达二三米，如此多的造像都是从哪里请来的？想起来，像个谜。

走在这样的佛地，有许多常人不可想象的事情，却被不食烟尘的他们一一拿定。佛的智慧在于点拨，所谓四两拨千斤，便是智慧的成果。

施舍，是佛门最常用的词条，有众生的施舍，中台禅寺才得以建成。而禅寺立于台中，四方人士来此礼佛，在佛的光照中得平静、得祥和、和心想事成之愿、得心安理得之态，得舍，舍得，人在其间怡然。

施与舍皆给予，给予是一种愉悦的状态，可小可大，可少可多。这不同于奉献，没有使命感，更无强制性。只是慧心所向，佛心所指，而佛的能量正来源于这两个字：给予。

屋顶的广阔

突然想到屋顶。现代人还有屋顶吗？每个人站在每个人的头顶，每个人躺在每个人脚下，林立的高楼彻底压缩了人类的自我空间。我们不敢去想象，楼下的空地对我们还有什么意义，所有的一切都是属于公共的，所以我们更倾向于躲进自己的巢穴里高歌或者沉默。我们更不敢想象的，还有屋顶。

屋顶，是一个诗意的名词，它连接蓝天与星空，它让我们享受自然与微风，无论我们坐着还是躺下，它都代表着自由与幸福。享受过在屋顶上快乐的人，是不会忘记那种感受的，它是世界的高处，是人生的高处，是心灵的高处。

于是童年便如此深沉而持久地徘徊在我们的文字里。

在经历了人世近三十多年的颠簸后，我突然固执地对童年有了无数幸福的定义。有时带儿子走在乡间的小巷子时，总是忍不住向一些小院里张望，一排排的平房或简或繁，或整洁或凌乱，它们总是让我想起自己童年的故居。我给儿子指着屋顶上的鳞瓦，告诉他雨水光临时，屋檐下就会形成一串串的水线。我们做孩子时，最喜欢的就是伸出小手，任凭雨水淋湿了头发与身体，一次次从那水线下跑进来跑出去。

想起雨水，也便想起了无数个暗自醒来的清晨，一场倾盆大雨在清晨恰到好处地结束，窗子外是雾蒙蒙的潮气，几声鸟鸣在窗前的柳树上跳跃，水珠滴滴答答从屋檐下坠落。童年总是透着一股子寂寞与安静的气息，成长是如此意味深长的一个过程。

我家门前有一棵极老的柳树，离房门很近，所以我们常常站在屋顶上伸手揪下一根根的柳条来。我家的屋顶不需要登梯子爬上去那么费劲，因为是当年的兵营，临山体而掘，像是梯田般的房子与院子，从侧面的小斜坡走上去，就是自家的屋顶了。孩子们常常站在屋顶上向下俯视，与尚在院子里的孩子你来我往地打招呼，不一会儿便都凑到了屋顶，所以若家中有人，屋顶上永远都是杂沓而纷乱的脚步声。

记得有一次，一个孩子捉到了一只壁虎，装到了玻璃瓶中，大家都对它会不会头晕产生了浓厚的兴趣。于是一伙人便不停地将瓶子踢来踢去。当然现在想想也实在是残忍，那一幕便是在屋顶上发生的。那时除了每家的院子里是铺着红砖的地面，只有屋顶是平坦而干净的，常常是一大群孩子并排躺在屋顶上，阳光透过合着的眼皮，暖暖地却又深深地直钻进心底。房子本身就是山的一部分，于是吆喝一声便齐齐地上了山，待采得大把的杏子与毛桃回来，并不急着回家，在屋顶分享够了才肯罢休。

现在我们还有屋顶吗？

我们没有院子，没有屋顶，我们不能惊扰楼下的安宁，也不愿意被楼上的响声打扰。我们活在无数的规矩里，活在无数的紧张与小心里，我们看似拥有了更自由的生活，但是我们也失去了很多自由的快乐。活在密闭与交织的网里，我们常常觉得离真实的生活越来越远。

在《肖申克的救赎》里，安迪与狱友一起修葺监狱的屋顶，并且与狱警达成交易，获得在屋顶上喝酒的权利。这时他觉得自己是个自由人，是万物之主。

能够站在自己的屋顶是一种自由，正如熊培云所说：自由在高处。高处原本是鸟儿的家园，是飞翔，是广阔；是树木的天空，是力量，是伸展。也许我们再也找不回失去的屋顶，但幸好我们还有心灵的屋顶，只要你愿意，你就能够登上时光的梯子，看到高处的风景。

只有飞翔过的鸟儿才知道，自由是多么可贵，只有站在屋顶上的人才知道，天空是多么广阔。

享受
徒劳

每个人的人生都有那么一段徒劳的经历。

台湾作家九把刀说到他小时候的选择，并不是成为一名作家，而是变成一位漫画家。小学他痴迷卡通片中的原子小金刚，于是将原子小金刚当做蓝本，画了很多的图画、漫画串成故事，是原子小金刚跟怪兽、机器人和恐龙讲话。同学都非常捧场，课间争相传阅，并且催促九把刀赶快画出最近的剧情。这让九把刀画得更加热血，最后惹得老师开始给家里告状说："你的儿子数学考试考完都不验算，考卷翻过去，全部都是在画漫画。"

然而从今天来看，最初的梦想并没有变成现实，九把刀成了成功的作家，甚至是成功的电影导演，而不是成功的漫画家。毫无疑问，痴迷于漫画的那段经历变成了徒劳。

九把刀以自身的青春期恋爱经历作传，自编自导的电影《那些年，我们一起追的女孩》就是一部恋爱的徒劳史。花很长时间去暗恋一个人，然后花很长一段时间去追求一个人，譬如柯景腾，最后都没有结果，还要眼睁睁看着这个女孩儿和别人谈恋爱，然后嫁人，新郎却不是自己。虽然徒劳无功，虽然可能对于未来没有任何意义，可是，又怎么能否认，那便是我们真实的生活，让我们哭过笑过，恨过恼过，伤心开心过的每分每秒。

电影中有那么一段镜头。沈佳宜教柯景腾学习数学，柯景腾说，你信不信 10 年后，我连 1og 是什么都不知道，还可以活得好好的。

沈佳宜说，我知道。

柯景腾说，那你还那么用功读书。

沈佳宜说，人生本来很多事就是徒劳无功的啊。

沈佳宜的话直白、精辟，一语点醒了主题。人生明知很多事情是徒劳无功的，却还要去做，这不是苦役，恰是人生的乐趣和悬念之美，美在不可知，需要在以后的路途中细细体会。

把人生的卡带倒过去看一下，九把刀如果不是从小练就了用画面讲故事的习惯和潜质，他的小说和电影就不会变得如此生动和细节丰满。

乔布斯在大学期间休学了，无课可上，如果不是无聊的时候去自学一些书法课程，沉溺于书法里，后来畅销的麦金托什电脑可能就不会有多种字体和变间距字体了。

台湾知名导演、作家、主持人吴念真当了三年特种兵，当时认为当兵很倒霉，三年就鬼混过去了，但转头来看，军队里有各种不同的人：有大陆过去的老兵、台湾各地的新兵，他们家里都是做不同行业，有不同的教育程度，有坐过牢的。同他们相处，听各种故事，知道了不同人的生命经验。

所以吴念真说，人生就是从一大堆很严厉的状况中挣扎过来的，每一样东西都可能是养分，包括徒劳。如果把所有事情的取舍都看得那么功利、直接，这样的人和人生该多么寡淡无味！完成了一个目标会有另一个目标，获取了一些财富还想更多财富，争得一个职位还有更高的职位，人如果依靠这些去寻找幸福，幸福会越走越远。

不妨体验一下徒劳之美，平常事物也有乐趣，琐碎工作也有意义，幸福就不仅仅是豪车美宅，职业风光，而在自己，内心的温度，视野的高度，对幸福和喜悦的最简单感知。

人生需要
轻装简行

这是许多年前我读到的一个真实故事，人名和地名也许记不太准了，但仍清晰记得其中一段感人的情节，仍被故事中的主人公深深地感动。大卫是纽约一家报社的记者，因为工作的缘故经常出差外地，满世界地跑新闻。那天，他又要外出采访，像往常一样，他收拾好行李，一共三件：一个大皮箱装了几件衬衣、几条领带和一套晚礼服；一个小皮箱装采访用的照相机、笔记本和资料；还有一个小皮包装些出门必备的剃须刀之类的生活用品。

然后他像往常一样和妻子匆匆告别奔向机场。

到了机场，工作人员通知，他要搭乘的飞机因故不能起飞，他只好换乘下一班飞机。在机场等了两个多小时，终于乘上飞机。飞机起飞后，他像往常一样开始计划到达目的地后的行程安排，利用短暂的时间做采访前的准备。正当他绞尽脑汁投入工作时，突然飞机剧烈地震荡了一下，接着又是几下震荡。他脑海里第一个反应是：遇到故障了。这时播音器里传来空中小姐的声音，告诉大家系好安全带，飞机只是遇到气流，一会儿就好了。大卫靠在座椅上，出于职业的敏感，他从刚才的震荡中意识到：飞机遇到的麻烦不像空中小姐说的那么简单。果然，飞机又连续几次震荡，而且越来越剧烈。乘客们有些惊慌。

播音器里又传来空中小姐的声音，告诉大家飞机出现故障，已经和机场取得联系，设法安全返回。现在飞机正在下落，为了安全起见，要求乘客把行李交给乘务员扔掉，以减轻飞机的重量。

大卫把自己的大皮箱从行李架上取下来，交给乘务员，让他扔掉。随后又把随身带的小皮包交出去。飞机还在下落，大卫犹豫片刻，把装有采访设备的小皮箱取下交给乘务员。飞机下落速度减小了，但依然震动得很厉害，机上的乘客骚动起来，婴儿开始哭叫，几个女人也在哭泣。大卫深深地吸口气，尽量使自己保持平静。他想起亲爱的妻子，早晨告别时太匆忙了，只是匆匆吻了她一下，假如他们就此永别，这将是他终生的遗憾。他摸了摸身上的口袋，掏出钢笔和记事本，从本上撕下一张纸，匆匆给妻子写下简短的遗书："亲爱的，如果我走了，请别太悲伤。我在一个月前买了一份意外保险，放在书架第一层《圣经》的夹页里，我还没来得及告诉你，没想到这么快就会用上。如果我出了意外，你从我身上发现这张纸条，就能找到那张保险单，我想它会帮你付一些账单的。原谅我，不能继续爱你。好好保重，爱你的大卫。"

大卫写完，把纸条叠好放进贴身口袋里，然后便把笔和记事本——他身上剩下的最后两样东西一起扔了出去。他以最大的毅力驱除内心的恐惧，帮助机上工作人员安慰那些因恐惧而恸哭的妇女儿童，帮着乘客穿救生衣，劝慰大家不要害怕，在关键时刻越是冷静危险就越小，生还的可能性就越大。这时播音器里传来机长的声音：飞机准备迫降！要求乘客做好准备。

最后的时刻终于到了，大卫闭上眼睛，痛苦地在心中和妻子、亲友做最后的告别。在一阵刺耳的尖叫混合着巨大的轰隆声中，在一阵剧烈的撞击中，他失去了知觉。不知过了多久，大卫睁开眼睛，发现周围一片哭喊，发现自己还活着！他一下跳了起来，眼前的一切惨不忍睹，有的倒在地上，有的在流血，在痛苦地呻吟！他挣扎着站起来，加入到救助伤员的队伍中。当他妻子在机场哭着向他奔来时，他怀中抱着不知是谁家的孩子，贴身口袋里揣着给妻子的遗言，他和妻子紧紧地拥抱在一起！这一次，他深深地、长长地吻着早晨刚刚别离却仿佛别了一世的妻子。机上的乘客只有 1/3 得以生还，而大卫竟然毫发无损，真是奇迹。当然他损失了 3 件行李，损失了一次采到好新闻的机会，不过他自己倒上了纽约各大报纸的头版。

其实，许多时候人生并不需要太多的行李，只要一样就够了：爱。

人生的 四杯茶

于闲晨静夜，在假日双休，凡"偷得浮生半日闲"之机，懒懒地偎在沙发或床侧，左手茶，右手书，书韵与茶香交替成趣，任思绪穿越红尘俗世，游历千山万水，想起那一片片曾经鲜亮的茶叶……

青山上，在朝晖夕岚里，盈绿的青春，妩媚的笑靥，它曾沐浴灿烂阳光，遍览流云山色，饱经风吹雨淋。从无限风光的山头茶树上被采摘焉，经历肩挑背扛舟车劳顿。或捻成针，或团成球，或碎成片，或碾成粉，期间遭受了多少次焙炒之煎熬，因了成长周期、环境的不同，地域的差异也或许因为际遇的殊异，在其中的附加值有了天壤之别，分粗细，别红绿。

茶如此，人亦然。让我们在流年中慢斟细酌，那缕缕馨香在茶韵氤氲中轻轻弥漫，品咂生活的滋味，遐想人生的四杯茶：少时绿茶，青壮红茶，中年苦茶，老来花茶。

用沸水沏绿茶，那清幽的碧绿让我联想起"少年心事当擎云"的拼搏时光！绿色的叶片在水中翻飞，如舞动的精灵，舒展着稍显稚嫩的臂膀，睁开探寻的双眼，打量着这五彩缤纷的世界，令人莫名地憧憬，像少时的我们，站在人生起跑线上蓄势待发英姿勃发！红茶入口温暖凝滞，细细地品咂，舌尖润滑，而后满口生津，神清气爽令人陶醉，多像历经磨难，打拼求索终有所作为的年轻时代。瞧啊，苦丁茶那宽大翠绿的芽叶如婴儿皮肤般柔嫩，呷一口：怎一个苦字了得！但当用心感悟时，苦中回甘，当人到中年，在奋斗忍耐过后，浸透在岁月苦涩背影的醇香，使人领略到其厚重绵长。茶花的婉约清淡，犹如一位人生积淀丰盈的老者：宠辱不惊，坐看起；又似那"身从花丛过，片叶不沾身"的菩提，饱经沧桑却又拥有无悔的释然。

举杯品茗，我独爱红茶，同杯茶水，人生千姿尽显，意蕴百态。有的朝气蓬勃，有的沉稳安详，有的随波逐流，有的力争上游……有的茶叶，一直沉静地伏于杯底，虽释放茶香，但其精神风骨早已不存，跌倒了再也爬不起来，寂静落寞，孤芳自赏；有些茶叶，热情奔放地在水中漂荡，起起伏伏，像逐日的夸父，青春昂扬，壮怀激烈；有些茶叶优雅地立于杯中，水流我不移，安之若素，处之泰然，如同"人情练达，世事洞明"不可或缺的精英人士，任水来自心闲。沸水红茶又恰似我们走过的人生之路，一屈一伸之间，提升着做人的境界；一起一伏之中，彰显出生命的沉浮。

茶品性高洁，捧着一个身来，不带半点悔去。其深知自己的价值就在于溶入社会之水，无论多好的茶叶，不管是西子湖畔的"龙井"，还是洞庭山上的"碧螺春"；不管是福建安溪的"铁观音"，还是沂源圣佛山的"翠微"，虽饱餐风霜雨露，豪饮日月光华，纤尘不染烟火之气，生于世外桃源泉之境，如不为世人所品尝，对茶而言，又有何用？作为一个人，学识再高，能力再强，不奉献于社会，又何足道？

人生茶样，由涩及甘，从苦入甜，在艰难险阻中跌宕，在痛苦辛酸中磨砺。从一次次的沉浮历练中，咀嚼出沁人心脾的芬芳，体会出生活的原味和魅力；茶样人生，长出世之姿，怀入世之念，做奉献之举，任醉香随流年积淀。即使被命运推手烹煎成粗茶，仅剩下刹那芬芳，也毫无保留地绽放自己一生的美。生命舞后，赞誉尽留，高洁之魂傲然于岁月的枝头，如夏花般绚烂，此生无憾矣！

人生的
意义

　　我曾多次被问到"人生有什么意义？"往往，"人生"之后还要加上"究竟"两字。

　　我想，"人生有什么意义"这一个问题，从本质上说，是从"现在时"出发对"将来时"的一种叩问，是对自身命运的一种叩问。世界上只有人才关心自身的命运问题。"命运"一词，意味着将来怎样，它绝不是一个仅仅反映"现在时"的词。

　　"人生有什么意义"这一个问题与人的思想活动有关，古今中外，解答可谓千般百种，形形色色。我也回答过这一问题，可每次的回答都不尽相同，每次的回答自己都不满意。

　　一般而言，儿童和少年不太会问"人生有什么意义"的话，他们倒是很相信人生总是有些意义的，专等他们长大了去体会。老年人也不太会问"人生有什么意义"的话，问谁呢？中年人常问"人生有什么意义"，相互问一句，或自说自话一句。一切都似乎不言自明，于是相互获得某种心理的支持和安慰。因为他们是有压力的，压力常常使他们对人生的意义保持格外的清醒。人生的意义在他们那儿的解释是——责任。

是的，责任即意义。责任几乎成了大多数寻常百姓的中年人之人生的最大意义。对上一辈的责任，对儿女的责任，对家庭的责任，对单位对职业的责任。人只看到了中年时，才恍然大悟，原来从小盼着快快长大好好地追求和体会一番的人生的意义，除了种种的责任和义务，留给自己的，即纯粹属于自己的另外的人生的意义，实在是并不太多了。他们老了以后，甚至会继续以所尽之责任和义务完成得究竟怎样，来掂量自己的人生意义。

而在一些年轻人眼中，人生的意义就是享受，他们还没有受什么苦，也没有经历大的波折磨难，在他们看来，世界是美好的，人生要享受眼前的美好。如果他们经历了点什么困难，他们更有理由了——人活在这个世界这么苦，不好好享受对不起自己。

其实，这是大错特错的。我有一种结论，所谓"人生的意义"，它至少是由三部分组成：一部分是纯粹自我的感受，一部分是爱自己和被自己所爱的人的感受，还有一部分是社会和千千万万别人的感受。

当一位青年听到他渴望娶其为妻的姑娘说"我愿意"时，他由此顿觉人生饱满、有意义了，那么这是纯粹自我的感受。爱迪生之人生的意义，体现在享受电灯、电话等发明成果的全世界人身上；林肯之人生的意义，体现在当时美国获得解放的黑奴们身上。

如果一个人只从纯粹自我方面的感受去追求所谓人生的意义，那么他或她到头来一定所得极少。最多，也仅能得到三分之一罢了。但倘若一个人的人生在纯粹自我方面的意义缺少甚多，尽管其人生作为的性质是很崇高的，那么在获得尊敬的同时，必然也引起同情。这是自我价值和社会价值的失衡。

权力、财富、地位、高贵得无与伦比的生活方式，这其中任何一种都不能单一地构成人生的意义。而勇于担当的人，即使卑微，对于爱我们也被我们所爱的人而言，可谓大矣！因为他尽到了自己的责任，他承担起了属于自己的义务。这样的人，尽管平凡渺小，但值得钦佩。

完美
与遗憾

[追求是为了增强幸福感]

生活中不可能存在永远完美的东西，就像你认为已经一切准备就绪，结果等到了机场才发现没有带身份证。

我们永远都会有追求，就我自己体会而言，追求是为了增加幸福感。

说到遗憾，却总是存在的。追求了会有遗憾，不追求也会有遗憾。追求了，你没有得到会有遗憾，但还是要追求。如果每天浑浑噩噩地过去，你会发现生命没有意义。

我们只要开始唱一首歌，那就只有一个选择就是把它唱完，不管好不好听，都不能半途而废。杨振宁教授晚年与翁帆相知，就是一种人生的"奇迹"，他的人生这首歌唱得完满、唱得响亮。

[用脑袋指挥你"走路"]

人要有追求，但是追求不要过分，要选择自己三五年之内可实现的目标去追求。我少年时代的第一个目标就是考上大学，离开农村，我用了三年的时间追求这一个目标，最后终于考上了北京大学，我实现了自己离开农村的目标。

人生的起点没有办法选择，所有人的起点都不一样，但是坦白说人生的终点是可以由我们自己去选择的。你要设计怎样的程序，打开怎样的生命界面，要看自己是怎样的系统。在这个世界永远不可能是枪指挥脑袋，是脑袋指挥枪。你能走多远，主要是看你的脑袋指挥你走了多远。

大家来到这个世界，唱人生这首歌，我最反对的就是动不动就了断自己的行为。经常会有人问我，新东方没了，我会怎么样？我告诉他们，如果有一天新东方没有了，我还是我，跟以往一样。因为新东方并不是一开始就有的，我没有损失什么；而我还活着，并且从新东方中吸取了经验，所以我可以从头开始，我也有可能会再有"新西方"；我还可以开一个讲座，告诉人家新东方是如何没有的，分享我失败的经验。

[在机会和金钱中，选择前者]

给一个人一百万或者一千万，供吃供喝，但是不让他做任何事情。这样看来他的人生似乎什么都不缺，但是其实什么都缺。因为幸福是在做事情有成就、和朋友的交往中得到的。在机会和金钱中，我们很多大学生选择前者，这非常聪明。

如果生活中没有痛苦，那么生命就没有了意义，同时也正是因为生命有了意义，才更加需要追求和努力。我问过李宁，为什么当世界冠军站到领奖台上的时候总是泪流满面，这应该是他们最开心的时候才对，但为什么没有人笑着拿奖？李宁说，当站在冠军领奖台上的那一刻，感觉到已过去十几年的汗水和伤痕都得到了承认，不由自主便留下了幸福的眼泪。

当有一天我们遭遇失恋、失败、痛苦，仍然可以哈哈一笑，那么我们的生命就精彩了。

[犯再大的错也不要放弃]

有人讲来世，但我始终认为要努力做到今生今世每一天都过好就好，为何要期待来世，若到了来世发现也不过如此，那还要期待再一个来世吗？耐心加上等待，同时相信每一天都会过得精彩，我们也便不再需要期待来世。

生命中需要等待，但是不能被动去等待，一定要主动。人生中有困境是不可避免的，当我们身处困境的时候，不要抱怨，考虑我能得到什么，这是一个主题。永远不要认为困境会一辈子跟着你，曼德拉被困了那么多年，最终还是解放了南非，成为第一位黑人总统。

生命中也充满了希望，犯再大的错误也不要放弃。其实犯错没关系，但是犯过之后从中学会生活，那么这个错误便值得去犯。

有几句话我要送给人家：不要等到被人爱上了再去爱别人，不要等到寂寞了才想起朋友的重要，不要等到有了好工作再去工作，不要等到拥有了很多再去和人分享。你即使什么都没有也可以分享，你至少可以跟别人分享笑脸，不能说我们已经拥有很多，我们才要分享。

希尔顿
的顿悟

世界旅馆业大王康拉德·希尔顿曾在自己的传记里谈到，一个人想要改变生活，最重要的一件事就是必须要有目标，要怀有梦想。而梦想，不是让你愁眉苦脸地去挣扎，而是能够让你积极乐观地去应对各种机会。

世界是公平的，小人物的烦恼，是关于自身衣食住行的小烦恼；而大人物呢，当他们的事业正如火如荼进行的时候，一旦出现烦恼，恐怕会波及更多人的衣食住行。这个烦恼，也许和一场瘟疫造成的灾难不相上下。

当年全美陷入经济大萧条的时候，希尔顿苦心经营的旅店业也在冲击中受到重大影响。眼看着身边熟悉的人一个个愁眉苦脸，惶恐度日，有的甚至选择了自杀；而他自己也无可避免地陷入了资金上的困境。希尔顿身心异常疲惫，他甚至沮丧地对母亲说："或许我选错了职业，其实我应该去学做摇篮或棺材的，它们都比旅店业强。"

希尔顿的母亲是一位非常伟大的女性，她只是缓缓而坚定地劝慰儿子说："现在有人跳楼，有人沉沦下去，也有人向上帝祷告。康尼，你千万别泄气，一切都会过去的。"

看着母亲坚定的眼睛，想到她当年为了实现理想而无所畏惧地带着家人艰苦创业，却依然保持着迷人笑容的过往，希尔顿绝望的心里突然间又充满了希望。当律师私下与他商量，希望他宣告破产脱离窘境时，他毫不迟疑地拒绝了。

希尔顿认为，只要能重新把握时机，还是可以起死回生。所谓危机，其实可以从两个方面看：一个是危险，另一个就是机会。只要自己没有宣布倒下，那重振山河的机会就一定存在。

后来，希尔顿在亲友与母亲的帮助下，不仅成功振兴了旧产业，还大胆投资石油，最后他终于绝处逢生，闯出一条生路来。紧接着，他依靠实力一点点建造起庞大的国际希尔顿旅馆有限公司，拥有散布在全球的两百多家旅馆，每天接待数十万的各国旅客，资产总额达数十亿美元，年利润更达到数亿美元，雄居全世界大旅馆的榜首，而希尔顿也成为名副其实的美国旅馆业大王。一切，都在希尔顿临危不乱的从容中得到改善。

所以，在面临生活窘境时，在应对巨大压力时，坚持微笑着朝前看，不做毫无意义的哭泣和抱怨，让心情轻松愉快，才能让自己的勇气和动力逐渐强大，如此才能扭转不利，逐步实现自己的目标。

少一点抱怨，
多一点进步

——●——

把时间花在进步上，

而不是抱怨上，

这就是成功的秘诀。

少一点抱怨，
多一点进步

如果你研读马云的人生，在前 37 年里，他的人生就充斥着两个字：失败。37 岁之后，他突然就飞黄腾达了，秘诀就四个字：永不抱怨。

我对这四个字的体会越来越深。原因是我接触的成功人士近期进入核爆炸状态，我和这些人打交道，再加上我自己的体会，发现，成功的秘诀就是这四个字：永不抱怨。

我很欣赏我现在的投资人吕超。欣赏他的原因是，在我和他合作的初期，我对他的折腾，真叫无事生非。先是签了电视剧"宝贝"，交了两集半剧本，跟他说，对不起，我要改写"心术"了。他说，好。撕毁合同重签。"心术"小说在写作过程中，滕华弢导演因与吕超从未合作过，对他心存疑虑，要撤销与他的合作。我觉得这种话人在江湖都说不出口，谁知，他又说好。我说，预付款我退你。他说不用，迟早会合作的。

后来又出了一系列的事情，我曾不好意思地跟他道歉，谁知，他回答我："我的工作就是解决问题，没有问题我就心慌。你有任何问题，都可以交给我。"他的人生字典里没有责任划分区域，他有力拔山兮的气概。整个交往过程，我发现，吕超是这样一种人：他从不抱怨。

认识他久了，发现圈内人对他评价极高。他既务实，人缘也好，既有做大的决心，也不吝啬与他人分享蛋糕。我当时就一个感觉，这个年轻人，未来无限美好。他的一个短信，我留到今天：要做事，不仅要能屈能伸，还要任劳任怨。

我最近在装修，我对装修师傅也是赞不绝口。他是我的一个医生朋友介绍给我的，对他的评价是：耐折腾。我第一次见到他的时候，他就花很长时间跟我沟通我喜欢什么样的风格。他隔三差五会带我到建材城去选购我喜欢的料，同时在我的预算和我的喜好之间寻找平衡点。

我订了客卫的墙砖和地砖，这是我自己选的。等我看到半壁江山的时候，我竟然后悔了。我说，这不是我想要的！他竟然比我还平静。问我，你想要什么？

我想想，觉得不好意思，说，算了，我认账，我能忍受。

他对我说："别。难得装修一次，要用好多年，别凑合。你不喜欢，没关系，我们改。"

我嫌麻烦。他说，满意是最高标准，只要满意，不怕麻烦。最终，他既没让我多花钱，又实现了让我满意的双赢局面。

　　另一个细节是，我跟唐师傅说，我要做电视机的背景墙。他推荐我几种墙纸，我都不中意，我最终请了学美术的同学替我手绘，价格还不贵。当我打开电脑向唐师傅展示我的凡·高"星空"背景墙的时候，他立刻掏出硬盘要拷贝，且跟我说，这个创意好，以后我要用到其他客户家里去。他的辞海里，没有愤怒不满和责怪，只有提高，再提高，学习，再学习。

　　我跟唐师傅说："我相信，你未来会做得很大。你现在才三十岁，是个只带二三十个工人的小老板，未来，你会有大公司的。你根本不用担心自己未来买不起房子，因为你进步的速度会高于房价上涨的速度。"

　　这句话，其实最早是吕超跟我说的。他说，你不要担心你买不起房子，你进步的速度要高于房价上涨的速度。果然，此话之后的大半年，我就有自己的家了。

　　把时间花在进步上，而不是抱怨上，这就是成功的秘诀。

成功就是
再坚持一秒钟

　　大学毕业后，很多人会选择自主创业，但空有一番激情和干劲，难免会走一些弯路，本文的主人公陈军就是这样一个大学毕业生。第一次创业完全是凭了一时兴起，没做好准备，就盲目选择项目，因而很快以失败收场；第二次创业前，他先做了规划，然后在实践中掌握技术，还研究了市场行情，这次他成功了。通过他的创业故事，也许可以给大家一些启示。

[成功就是再坚持一秒钟]

　　像大多数人一样，大学毕业后，陈军没有回老家，留在了太原。迫于经济方面的压力，他只能先找一份工作，枯燥乏味、没有技术含量的工作使他感到很难受，这根本不是他所想的那样，总觉得没文化的人都能胜任他的工作。那时每天都会感到很郁闷，在工作了两个多月后，他就把自己炒了"鱿鱼"。"我到底想要做什么"是他那时候一直思考的问题，回家住了一个多月后，他决定开始自己创业，开一家特色鲜花店。

父母的态度很明确，不反对也不支持，启动资金是他面临的最大问题，只好找亲戚朋友，在"添油加醋"地描绘自己创业蓝图后，他的叔叔答应提供资金，"现在想起来，那时的我很幼稚，由于盲目决定，自己又不懂得这一行，钱没有赚到不说，把叔叔的钱也赔进去了。

虽然家人都没有埋怨我，但是这一回的失败对我打击很大，梦想、自信心都被我抛到'爪洼国'了，那时的我，可以说是一蹶不振，很消沉。"后来他从书店买回了一些创业方面的书，针对自己的情况，制定了一个大致的创业规划。说到以前创业的失败，陈军显得很激动。

"我是学机械专业的，根据规划，我将先从事这方面的工作。这一次我选择去了北京的一家机械公司，刚开始，我很不适应，从最基层干起不说，工资也少得可怜，记得有人说过一句话，有时候再坚持一秒钟就能挺住，我就是抱着这样的想法挺过来的，为了我的创业梦，我下了不少工夫，别人下班后，我还要看图纸。

一年多的时间里，我基本上自动放弃了休息时间。当然功夫不负有心人，我顺利成为了技术员，然后是单位的年轻技术骨干，工资也随着翻了三倍。在掌握了这些技术后，我毫不犹豫地提出了辞职。回到太原开始了我的第二次创业，吸取了上次失败的教训后，结合我在北京掌握的技术，研究了太原小机械市场的需求和走势后，就开了一家专营小机械的公司，现在效益还不错。"陈军一口气讲了自己的创业经历。

[创业要吹尽狂沙始得金]

当谈到目前有不少年轻人想自己创业但苦于无门的时候，陈军给记者讲了一个故事：

有一个小和尚，他来到一座很大的寺庙，想跟一位非常有名的大师学些真本事。大师问他："你想学什么？"他抬头看看天空，发现飞翔是一件很自由和惬意的事情，就说："我要学习飞翔。"于是大师准备教他轻功；眨眼间，他看见湖里有许多鸭子在游泳，又说："我想学水下功夫。"刚摆好架势，立刻觉得做个大力士似乎更好，可以打败很多人……可想而知，到了最后他还是一无所长。

我认为像我们这样的年轻人创业，在创业初期所拥有的资金、经验以及专业特长等都十分少。这个时候最重要的不是多元发展，而是想清楚自己最擅长什么，业贵精专。纵使遇到挫折，也要静下心来，总结自己究竟哪些做得不对，如何改正。匆忙放弃，或者看到别的行业发展良好就忍不住红杏出墙，最后只能像上文中的小和尚一样，两手空空。我信奉吹尽狂沙始得金，只有经过风雨的洗涤，才能看到美丽的彩虹。

[从自己熟悉的领域入手]

"回过头来看自己的创业过程，我认为年轻人创业有自己的优势，也有局限性。年轻人思维活跃、充满活力、喜欢接受新鲜事物，通过学校的学习使年轻人具备了一定的专业知识，但由于没有进入社会，商业意识、社会经验、企业管理等方面都比较欠缺。因此，在创业方向的选择上应扬长避短，一定要寻找适合自己发展的道路。不要像我那样，盲目地开特色花店，成功的几率就很小。

其实年轻人在创业前，在思想观念、思维方式等方面必须要有一个系统的学习，要掌握一定的技能。现在想起来，如果没有在北京工作的那一段经历，我现在并不一定能够成功创业。当然就山西的年轻人创业而言，现在还缺乏一个理想的创业平台，创业的资本也是一个比较大的问题。

我认为服务业随社会经济的发展，在我们的生活中已占有越来越重要的地位。年轻人创业可以发扬自己的知识优势，选择一些需要知识和专业的智力服务，如翻译、电脑维修维护、家教培训等，或把软件设计应用到一些传统行业、中小企业、商务及商业连锁领域中。"

坚持下来的人，
才是人生赢家

　　昨天在车里听广播说新一年的考研大军开始备战了，大学生们排队十小时为了求得一个考研自习室的座位的新闻。我没参加过考研大军，也很少接触到考研的群体，但我想起两个人来，两个曾经跟我同租住在北大门口 300 元床铺位置的考研女孩。

　　A 是一个农村出来的，胖胖的，大约 1.65 米高的女孩，黑黑的不施粉黛且有些粗糙的皮肤，笑起来嘿嘿嘿的实诚。认识 A 的时候，我已经在那个 10 平米四张床的小屋子里住了一年，A 是我下铺第四个租客。当时她说她要考北大的光华管理学院，那已经是她第四年考光华了。第一次是大三，考上了但因为是大三不能上；第二次是大四，考上了但面试没过；第三次是毕业一年时，差了几分也没面试机会。

　　第四年我我们认识的那一年。她白天要去上班，晚上和早晨起来就去窄小的客厅里学习。快考试的时候，她问我是否应该跟公司说明自己要考研去请个一个月的假期，但又怕考不上没了工作。虽然这份公司并不很忙，也只是为了维持生计，并不指望赚多少钱，但如果没有这份钱，身为农村孩子的她，没人能接济她。当年我也大四，在凌乱的实习和找工作当中，我也不好帮她下结论，于是很简单的说还是请假吧，考试要紧，第四年了。

我们不很熟，但我也挺替她捏把汗，不知道如果又考不上怎么办？一个人的梦想究竟能被撞击多少次？我记得她考完最后一场回来，躺在床上，一天一夜没起来，全身酸痛，仿佛刚刚打了一场大仗之后的瘫倒。那年，她笔试通过了，我们都很激动。我建议她面试去买套正装，因为那时候我也面试也买了正装，感觉穿上正装整个人都不一样了，也更符合管理学院的感觉嘛。然后A跑去商场买了一件粉红粉红的西装，趁着她黑黝黝的皮肤，我觉得不是很对劲。但那个时候我的衣服她也穿不上，也没法帮到她什么，看她很喜欢那件粉红色的西装，我也就没再说什么。

后来的事情，我就忘记了，可能她是搬走了，或者我搬走了，记不清了。但我记得过了一年左右，她跟我联系上了，那时候她已经是光华的学生，并且已经上了一年了，每天都在热火朝天的做案例分析什么的。我问她学费会不会很高？听说光华没有国家免费？她说要几十万，她借了一部分，剩下的自己打工，争取拿学期末奖学金。我不懂管理学的课程，只能听她说的很高兴很激动的样子，我想起那件粉红色的西装，和她黑黑的皮肤，心里有说不出的感动。这条路，她走了四年，终于走到了自己想去的地方。

　　B 女孩从西北来，长得很漂亮，小巧，巴掌脸，也是黑黑的，有点像邻家小妹妹。她要考北大的生物系，我们认识的时候，是她第二年考试。她住在我对面的床铺，我们都在上铺，相比正常上课而不用早起也不用复习到深夜的我来讲，我经常会看到 B 举着手电筒在被窝里学习的样子。据 B 介绍，她父母都是普通的工人，老实善良，家里还有一个年纪很小的弟弟。如果今年考不上，估计家里就供不起了。

　　其实她本科的学校已经给她推荐到上海的一家顶级学府，但是她就是想上北大，因此卯着劲儿要考，因此全家人都不支持她，学校老师更是非常生气。可是，放弃了另一所很好的学校，她自己也不知道能不能考上，因此压力很大很大，大到经常就哭了起来。我也不知道该怎么劝她，毕竟我不考研，体会不了，只能说些冠冕堂皇的话聊表安慰。当时她找了很多已经考上的师哥师姐去取经什么的，但收效甚微。同样，我忘记了后来，我就记得她喜欢看电影，总是哭，但后面不记得了。三年以后的某一天，我突然收到一个飞信号码加我，是她。那时候的她，马上要从北大化学系毕业了，问我一些找工作的经验什么的。原来，我忘记后来的那一年，她考上了，进入了自己梦想中的学校。

　　我给 G 先生讲了 A 和 B 的故事，G 先生很沉默，作为考研女孩本身就很辛苦，而作为农村女孩或者家里还有个弟弟而家境一般的女孩来讲，压力会更加大。我并不知道她们现在怎样了，考上了心仪的学校之后，她们又会有怎样的梦想，今天在哪里，过的怎么样。她们可能只是千千万万考研大军中十分普通的两个人，可能在你看来并不是榜样，也谈不上励志。但我只是想到，工作很多年的自己，以及千千万万离开学校进入社会的人们，还有多少，能像当年一样，为了某一个目标去拼尽全力？现在，我们讨论的都是：如何战胜拖延症？如何快速提高英语？如何让老板喜欢我？如何快速提高写作能力？我们做什么都想要速战速决，两周看不到成效就觉得世界对我不公，或者一定是方法不对，想要去寻找更加便捷的方法，来安慰自己浮躁的心。

一定会有很多人跳出来说，考研有什么了不起，考四年值得吗？人生还有好多事可以做，上个研究生出来还不一样是苦逼打工仔，赚钱还没有个体户多，研究生毕业一样当 Loser 云云。但如果一个人能为一个单纯的梦想努力很多年，而这个梦想一年只有一次去实现的机会，并且这个机会也同样会因为很多不可抗力而失败，但却依然矢志不渝，这本身就是一件值得去敬佩的事情，也同样是我们在慢慢丢失的能力与精神。这样的人，无论在任何时候，任何环境下，都不会差。

其实我们每个都不缺梦想，特别在这个梦想都快被说烂了的年代，我们所缺的，仅仅是为梦想矢志不渝的精神，哪怕是一点点所谓的坚持，都显得弥足珍贵。而这一切，可能我们都曾在年少时光拥有过，但却随时时光的流离消逝在成长的激流勇进中。

不是每一个梦想都能实现，但每一个梦想都值得被尊重和敬仰。

不是每一个梦想都能坚持，但每一个能坚持下来的人都是自己的人生赢家。

你总是
心太软

两个月前，豆豆开始学乒乓球。上课都还好，半玩半学据说很有趣，但是教练布置的课后作业——颠球，可让他发了愁。

小朋友手腕力量不足，平衡性也差一些，球拍拿不平稳，又拿捏不准高度力量，眼睛也不知该看拍子还是看球了，所以没练一会儿他就撂挑子，懊恼地说没意思。

我陪着他，适当鼓励，也适当严厉。循循善诱后，创造游戏来玩，比如"保卫鸡蛋"——假设他拥有 11 个鸡蛋，颠球三个及以上就可以增加一个鸡蛋，反之则减少一个，哎呀，又打碎了一个！

开始那几天很难，他刚开始一定打不好，而打不好就气急败坏，一脸挫败地往床上一躺，高喊着"我今天没感觉啊"，我板起脸告诉他：你练习了可能进步很慢，但不练习永远都不可能有进步。妈妈允许你成绩不好，但不允许你不努力。所以，不要找理由了，必须练！

从两个三个到四个五个，有个晚上他发现自己突飞猛进，能颠六个以上，兴奋得眼睛放出光彩，不停地发球捡球再发球，该睡觉了还央求"让我再颠一次嘛"。

最美妙的是，帮助熬过最枯燥最乏味的阶段，push 他一下，让他知道只要自己认真努力，就是可以进步和成长的，从而收获满满的信心和成就感。

对人生负责的成年人，也应该在给自己点压力和逼迫，跳脱"舒适区"，去做梦寐以求却迟迟未动手的事，实现心心念念却并没有着手筹备的梦想。

有时候，你不逼自己一下，就永远不会知道自己有多大力量。太多人在一边流着口水羡慕别人功成名就光彩夺目，一边给自己找借口拖延松垮不思进取。明明，理想是用来实现的，而不是单纯用来在梦里放飞的啊。

没有一个人随随便便就能成功，该对自己狠一点的时候却总是舍不得，总是手软，总是给自己找借口，那就永远止步不前。今天没努力，明天自然没理由有收获。

好多时候，世界还是公平的，它从来不会敷衍一个努力进取的人，只冷眼看那些疏于努力又满是借口的人。

想想长得帅又有钱的小李子，他对自己是真的够狠够认真啊，一部接一部拍片，演技一次比一次进步。从前人们调侃他是"陪跑专家"，而他举起影帝的奖杯时，多少人该无比汗颜啊：比我优秀的人还比我努力，我是不是对自己太心软了？

这些年里，那些真正让我受益无穷的事情，几乎都是靠逼自己来实现的。

读书的时候，我很少考第一名，给自己开脱，别人就是比我优秀比我聪明啊，能考前几名也很不错啊。

上高中后，我突然有了压力，那所学校实在不够好，如果我成绩不够出类拔萃的话，想考上大学想做自己喜欢的事只能是痴人说梦。

从此开始逼着自己努力，很多个早晨，别人还在酣睡我咬着牙离开温暖的被窝，披星戴月去教室开始早自习之前的早自习；夜晚关灯之后趴在被窝里拿着手电看书做题，一直到深夜；数学成绩惨不忍睹恨不得自暴自弃，用更多时间和精力去补习……

那年，小镇新开了家溜冰场，几乎所有的同学都去凑热闹了，我没去。我对这种大家都参与的事情想来缺乏兴趣，更何况，数学那么差你还好意思去滑冰？！我在心里对自己说。

努力真的有用吗？

当然。我高中三年得过两次第一名，第二次就是高考。

也是因为那两年破釜沉舟般的努力，我对自己刮目相看，充满了感激和钦佩，我看到自己有改变命运的能力，有变得更好的力量，只要我肯努力，只要我肯对自己狠一点。

大学校园里我最熟悉的地方是图书馆，在寝室里写稿子腰酸背疼也没什么关系，投稿被无情地退回时也沮丧也难过啊，但是第二天醒来，逼自己再鼓起勇气面对：再写，再投，再失望，再充满希望……

暑假里拼命找地方实习，毕业后费尽周折办理好档案和户口，租住在二十平方米的旧房子里穷得捉襟见肘，也曾觉得对自己实在太过严苛，若是放弃杂志社的机会，去应聘文员、策划之类，应该会获得更体面轻松吧？那时候我的同学大都拿两千的月薪，而我却只有可怜的八百块，还不是正式员工。

我逼着自己把那些艰难的路一点点走下去，因为如果我不咬牙坚持的话，以文字为生的梦想永远实现不了了。

许多年后，朋友说好羡慕你在杂志社工作，又或者，你们写作的人好自由啊赚钱也不错……我笑而不语。他们大概很难想象到，我曾穷到口袋里没有半毛钱祈祷男朋友来接我蹭他一顿饭吃的时候吧？

我对自己狠一点，生活居然就开始厚待于我，让我渐渐踏过那些泥泞，走过那些艰难，慢慢开始拥有自己喜欢的一切，成为一个喜欢的自己。

如果总是放任自己，拖沓，琐碎，东张西望，不把精力和目光放在自己一直想做的事情上，久而久之，就真的会成为一个loser。

看书好枯燥啊，所以，还是玩手机吧，恍恍惚惚一个小时过去，两眼发呆脑袋空空；

床上好舒服啊，晚点起来吧，昨天就应该开始做的那件事情，等会儿吧，再等会儿吧；

虽然很想学习英语，可是背单词好枯燥啊，总是记不住啊，不如去看会儿韩剧吧；

想做烘焙买了一堆材料，想做手工买了很多布料，想学习拍照买了很贵的单反相机……可是可是，好麻烦啊，那些达人们到底是怎么做到的呢，我还是去歇会儿吧……

从来不逼自己做有困难和麻烦的事情，遇到压力就赶紧逃回到安逸的小世界里，安慰自己"我这样也很好啊"，遇到一点艰难就开始抱怨并习惯性选择放弃……

啊，你总是心太软，对自己心太软。

爬山时若在气喘吁吁时选择下山，永远没有机会看到山顶的风景；奋斗的年纪因为遇到挫折就选择放弃退回舒适区，也就不会有机会梦想成真。

道理你都懂，现在，就去做吧。

嘉峪关的
骆驼草

　　去嘉峪关的人很多，因为这是明长城最西端了。而建在黑山之上的悬壁长城，到过的人并不算多。大概是要爬五百多级台阶，流很多汗，而风景也算不上美吧。那天，我从悬壁长城的一侧下山，除了看见满山黑的石头外，还有一种低矮的草。问问内行的人，说是骆驼草。

　　生长在这里的草真是不容易啊！缺水对植物的生长是最致命的，此地的蒸发量是降雨量的千倍以上，但，这些草还是活了下来，年复一年，给茫茫戈壁荒山添了一丝绿色，多了一份生命的色彩。

　　为了节约水，减少蒸发，保住体内水分，这些草叶变得尖尖的，甚至没有叶片。作为植物，它们也想枝叶摇曳，也想花枝招展，但生存第一，只能选择退守。守住了少得可怜的水分，也就守住了活着的底线；守住了某种看似艰难的东西，也就守住了个人的尊严。

　　对于骆驼草的这种生存意识，我们不禁肃然起敬。在许多时候，我们过于张扬而无视危机，过于求新求异，而放弃了最基本的坚守。

在艰苦的环境下，学学骆驼草吧，不畏惧、不气馁，主动放弃外表的虚荣，一味地生长。有的人守也守了，守得不彻底，最终烟消云散。进攻的豪迈挥洒，令人羡慕，但也许会因此付出生命的代价。从许多人的失败事例中，也不难悟出这个道理。我愿把自己守成一株草，一株经得起时间考验的草。

活出你的精气神

　　人活着，是一种幸福而又艰辛的事情。因为上苍在赐予一个人生命的同时，也交付给人们许多沉重的责任。一个人，除去天真的童年和垂暮的老年，在一生中在多数的时间里，都在为家庭与事业而不停奔波。生活的内容，对于大多数人来说，并不轻松。

　　但是，一个人既然活着，就应该活出自己的精气神。在我们身边总是有那么一些人，他们从那出生的那一刻起，已注定一生与苦难相伴。然而，他们却坦然地接受了这一切，并镇静地生活在当下。你看阳光下，那些面带微笑与我们擦肩而过的盲人，还有那些身躯残缺，但仍乐观面对生活的人，他们不都活出了自己的精气神？

　　在我们每一个人的记忆里，可能都会珍藏着一些平凡的逝者的身影，或是我们的亲人，或是邻家的一位长者。他们生前，就像村口那些老槐树一样普普通通地活着。可是，在那些贫困的岁月里，他们都曾活出了自己的精气神。

　　他们那淳朴而又坚韧的身形，就像那些经历风霜雪雨的老板树一样，一直陪伴在我们的身边。让我们感动，让我们的内心不再孤独。

其实，世间万物，但凡有生命的，又何止我们人类懂得活出自己的精气神。你看身边的那些花草树木，它们不是同样充满着灵性吗？

无论身下的土地多么贫瘠，它们总会努力把生命中最鲜亮的叶子呈现出来，把那些干枯的枝叶掩藏到深处。哪怕只剩下最后一枚绿叶，也总是勇敢地悬挂在枯叶的顶上。

它们也会努力地开花，不管艳丽还是素洁，不管芬芳还是淡雅，它们都不会拒绝生命的花期，在困境里默默地绽放。

纵使深秋的那些落叶，也会在生命的最后时刻，划出一道坚强的弧旋。而后仍不放弃生命的执著，用最后一丝气息叩问大地。它们生活得平凡，但是在春风秋雨的轮回中，它们的经历又何尝不是精彩的呢？

我更愿意这样设想，每一个人的人生最初都是一棵光秃秃的树。它枝头上那些饱含着生动细节的叶子，都需要我们自己亲自动手去添加和创造。

如果我们选择以失望、忧愁和沮丧的叶子，来装扮那些空荡荡的枝头。那么，那些悬挂在枝头上的叶子将变得万般沉重，整棵生命之树就会变得死气沉沉。或许过不了多久，在那些重荷之下，脆弱的枝干就会轰然倾倒。

我们只有选择以自信和乐观的叶子，来装扮我们的生命之树，它才会逐渐变得鲜活和生动起来。

每个人，都是自己生命之树的主人。也许，我们的生命之树并不高大健壮，也许我们倾己一生也没有迎来灿烂的花期和果实累累的收成。但是，我们却满怀希望地生活过。

因为世间原本就是这样的，平凡永远是属于多数人。

那么，我们可以生活得平凡，但却不能沦为平庸。只要努力活出自己的精气神，我们的生命之树，就会在平凡中变得有意义起来。

人生是一场
储备赛

[1]

我像书上写的所有苦孩子一样，出身贫寒。我的父亲是一个跛脚，据说是小时候到山里摘野山枣时不小心摔的。他的老婆——也就是我贤淑的母亲是用他妹妹换来的。婚后的生活很幸福，他生养了三个孩子，两男一女。一个半生产能力的男人要肩负一个五口之家的生计问题，实在是难为了他。父亲却说：咱们人穷志不穷，做事多谋划，日子会越过越好。

父亲开始走街串巷地捡废品。每天晚上，父亲都要把废品归类：破塑料袋、破鞋、碎铁片、旧书旧本等都一一码齐放好，再用一块大彩条塑料布盖好，等那些收废品的二道贩子来收购。父亲却从不肯让作为长子的我出手帮忙。

苦难是最好的大学，它磨练了我坚忍不拔的意志，还教会了我怎么读书，所以我的成绩一直很好。从村小学到镇上的中学，再到县城的高中，我一路走来，披荆斩棘，还算顺利。父亲也跟着我从村里捡废品捡到镇上再捡到县城里，他说小孩子总归是小孩子，有个大人在身边，也好有个照顾。虽然，我心里有老大的不乐意，但还是默默地接受了他这份关怀。

我上高三那年，不知道父亲通过什么办法，竟在我们学校餐厅谋了一个打菜洗碗的杂活儿。当我惊讶地接过他递过来超份额的一份菜时，他狡黠而得意地冲我笑了一下。对他这种假公济私的行为，我深为不齿。他却极认真地说，高三是很重要的一年，过了这道分水岭，以后的日子就不一样了。他还说，他在学校黑板报上看到了一首诗：父亲是大拴，儿子是子弹，要把儿子射出山。我更正说，父亲是一张弓，儿子是弓上的那把箭。我话音刚落，他就笑了说，就是这个理，只要高三这一年咱们父子同努力，你就可以射出咱们的伏牛山了。

[2]

6月7号很快就到了。高考那两天，天气不是太热，气氛却特别热烈。校门口人头攒动，门岗上的老师们不得不提高嗓门，提醒家长们安静。上午第一科语文考试结束，考生们像一股细流刚流出校门，立马被淹没在人海中。我像一条鱼一样在人海中盲目地随波逐流，突然被一只斜穿过来的大手拽住了胳膊，拉到一边。

父亲一手拿着一个大茶瓶，一手拉着我的胳膊，灵活地穿过人流，来到相对僻静的地方。他把手中的大茶瓶打开说，快喝吧，我用茶叶、枸杞、柠檬、冰糖给你熬的水，解渴提神，保准你眼明手快，考试精神头足。

我对自己还是挺有信心的，对父亲的歪门邪说极为不屑，不过还是接过茶瓶灌了一通。父亲陪我考了两天试，也顺手捡了很多饮料瓶子。高考结束后，父亲让我先回家里，他留在学校继续打杂，另外还密切关注高考后的一切信息动向。

经过估分、填报志愿等一系列程序后，便进入了黎明前最黑暗的时刻——等待结果。有一个叫秦若水的作者曾在一本杂志上说，等待是幸福的另一高度。确实，等来了紫陌花开是幸福；等得花儿都谢了，残花一地则是悲哀。

好在，我等来的是金榜题名。我被上海交通大学录取了。发放通知书那天，从县城里来的报喜车红绸绕身，喇叭唢呐，乐声满天。老父亲颤抖着手接过通知书后，老泪纵横。这是村里百年来第一桩大喜事。父亲破天荒地和村里的叔伯们坐在一起喝了几盅，让酒让菜时说话的嗓门比平时都响亮，都精神。

送走乡亲们，父亲却发了愁。入学费用将近八千元，再加上火车票、伙食费等要一万多元。父亲拿出了家里的所有积蓄，还差几千元。入学的前一天，父亲找到我高中母校餐馆的老板，好在餐馆老板为人善良，收了父亲打的借条，预支了他下学期的工钱，才勉强凑够了我入学后的所需费用。

[3]

上海的繁华和珠光宝气给了我很大的触动：繁华的南京路，高耸的东方明珠塔和金茂大厦，美丽的上海外滩，儒雅的上海博物馆……上海以绝世而独立的姿态出现在我的眼前。

之前，虽然我生在小山村，在家却享受着王子的待遇，衣来伸手，饭来张口；现在，我身处繁华闹市，却生发了要打下一片江山的豪情壮志。

开学的第二周，我像班上其他同学一样申请了助学贷款，并在学校谋了第一份工作——清扫阶梯教室。每天下午，等同学们都走散后，我就开始清扫。在这里，我认识了一位新朋友——徐沙克，一个活泼开朗的男孩儿。

徐沙克的父亲是一家股份有限公司的董事长，这位公子哥没有一点狂妄之气，抢着和我擦桌椅、扫垃圾。我突然发现，知识和财富一样重要，它不仅武装了人的力量，还增补了人的气度。简·爱的那句话：通过坟墓，我们到达上帝面前是人人平等的，只有在知识面前才能最大限度地体现它的真谛。目不识丁的人很难做到这点，要么狂妄自大、目空一切；要么自卑消极、胆胆怯怯。

两周后，我拿到了我的第一桶金——360元。我兴奋地请徐沙克吃了一碗面(上海的面相当的贵，要十元人民币一碗的)。然后，我们两个去周庄玩了一圈。

[4]

不久，我在学校服务部又谋到了一份赚外快的活儿——给一个高三的丫头片子当家教，主要补习数理化。这样，我就有了两份工作，周一到周五打扫学校阶梯教室，周六和周日各抽出两个小时当家教。

这个女学生比较文静，没有我们乡下女孩子的狂野和大嗓门，说话轻声细语，做题速度却蛮快的。她的父亲是灵长类高级两栖动物，一年中有一大半时间在国外。她的母亲是位温和高雅的女士。一个周六上午，补习结束后，女孩有两道题没有做完，我就留下等着检查她的作业。她的母亲说要加些钱给我，我拒绝了。我告诉她，这是我分内的工作。她又说要留我吃午饭。我伸出一把手说，我饭量很大，一次要吃五碗米，所以不能随便在别人家吃饭。

检查完女孩的作业，我正要起身告辞，她母亲却说饭已经做好了，而且足够我吃五碗，并拉我到饭厅看。果然，高压电饭锅里满满的白米饭，饭桌上已经摆好了三副碗筷。

真诚，信任，善良，我在他们身上看到了人类最美的东西。我爱上了这座城市，我爱上了这座城市里善良友爱向上努力彰显大气的人们。

[5]

四年来，我认真地生活，努力地读书，每次考试成绩都名列前茅，每年都会拿到学校的奖学金。四年后，我留在了上海。在毕业招聘会上，我以在校四年优异的表现，四年生活的练达，经过层层选拔，过关斩将，顺利地被上海一家著名的设计院录用。

上海是一个自由竞争风气极浓的城市，像我这种没有靠山、没有更高学历的山里娃，更是托了公司"唯才是用"的福。虽然大学四年里，我没有荒废一秒的光阴，但我还是感谢上天，让我遇见了伯乐。

父亲听到了这个消息，打电话说，孩子，你爹一辈子也没见过这么多的钱，也没出过咱的山，爹终于把你这颗子弹射出去了。将来你满世界跑的时候，别忘了拍些照片，让爹看看世界是什么样子。听着父亲苍老的声音，我使劲地点了点头，眼睛却湿湿的。

我怀念我的小山村，虽然它偏僻，遥远，贫瘠，荒芜；我也爱上海，它的蓬勃、挑战、时尚、恢弘。一个人的时候，我会想我的过去、现在和将来。就像谁说过的一句话，人生如锅，在锅底时，只要肯努力，无论朝哪个方向，都是向上的。而我想说的是，人生如一场攀越赛，要想到达人生的巅峰，就要用积极的人生态度，时刻储备所需要的东西。理想是向上的动力，而储备则是向上的车轮。

万事得
脚踏实地

　　眼镜是我一个在外地工作的同学的弟弟，他总是戴着一副大大夸张的眼镜，所以我喜欢这样称呼他。眼镜家住县城，我同学深知在外打拼不容易，眼镜大学毕业后，他哥哥便多次打电话给我，让我帮眼镜在市内找份工作，这样离家也近些。

　　第一次见眼镜，是在一家茶社，我把他哥哥的意思传达给了他，可是眼镜却是一脸不在乎，他说要去深圳发展，那里的机会更多，不想留在这里，我看他很坚定的样子，便没有再多说什么。临走时，我给他留了张名片，告诉他如果改变主意的话，可以来找我。

　　十天后，眼镜背着行李找到了我，我一见到他很高兴："决定留下了？"眼镜勉强地点点头。于是我通过朋友给他联系到了一家电脑公司，眼镜上班的第一天便抱怨那里工作不太好，我劝他慢慢来，以后有的是机会。还没有干满一个月，眼镜便找到我："这边待遇太低，我不想做了，一个同学给我电话，让我去苏州合办一家公司，我想这可能对我来说是个机会，我不想错过，大哥，你看能不能借我一点钱。"

出去闯闯当然是好事情，我取了一万元给他。两个月后，我突然接到眼镜的电话，说要回来想继续住我这，我答应了。眼镜回来后，我才得知，他和同学合开的那家公司被人家骗了，所有的投资都没了，临来时的车票还是同学帮他买的，他说借我的钱，等打工赚到钱后再还我。我安慰他，没有什么，失败了可以从头再来。

接下来的几天，眼镜到处翻阅报纸，查找各种招聘信息。他找到了一家设计公司，于是我白天见不到他，他总是很晚才回来，每次见他都是一身的疲倦，但感觉他对工作还算满意，就这样，干了三个多月，他又来找我："这里发展机会太小了，我决定要去深圳发展。"

眼镜又走了，时常还会打电话过来，说在那里很好，但我总感觉他还会回来。果真如我所料，半年后，眼镜再次回来了，谈起在外的那一段经历，眼镜一脸无奈，说老板太黑了，工作环境太差……他说还是家乡好，在外他总是想家。

眼镜又回到了那家设计公司上班，我明显地感觉，经过几次磨砺后，他比以前成熟了，更加务实，经过他的不懈努力，没过多久，便成为了公司里的一个小头目。

一天，眼镜请我喝茶，他告诉我："一万个机会不如一步脚踏实地，以前拼命地抓机会，但都不切合实际，经过这两年的折腾，让我懂得了很多。只有脚踏实地地衡量自己的实力，不断调整自己的方向，才能一步一步接近自己的目标。"看着眼镜现在自信的样子，我真心地替他高兴。他还告诉我，要搬出去住了，已经租好了一套房子，不能总是给我添麻烦，他感谢我这么长的时间一直的收留照顾。

最后他有个请求，在搬出之前，想为我的家重新装饰一下，他说自己是做设计的，目前也有这个能力了，他要用所得所学为我做些事情。

虽然家里装修过时了，可一切好好的，用不着重新装，但眼镜坚持。眼镜搬出去了，面对焕然一新的家，我总觉得缺少了什么。

看着眼镜离开的背影，我想他一定会做得更好。

一条鱼
的旅程

有一只很快活的鱼，它觉得生活在这无垠美丽的大海，穿梭于丰富多彩的珊瑚中，经历过弱肉强食的海中斗争，也曾面临成为盘中美味的劫难，这一生是多么充实，令人回味，它感到满足，安于现状。

有一天，鱼偶然听见了老船与海浪的对话。

老船说："这海上所有的风景我都看过，这缤纷的海浪我都触摸过，这海里所有的声音我都聆听过，生活我已经全然领略过，现在没有什么遗憾了。"

海浪说："天上的云朵你没有摘过，深水你没有泅渡过，对岸的村庄你也没有去过，你没有经历的事情还有很多，你怎么能这样安于现状，不思进取呢？"

鱼觉得海浪说得很有道理，想想自己，又与老船是何其相似啊！于是，鱼决定要离开大海，去海外面的世界闯闯。背后，老船和海浪的对话还在继续。

自那以后，鱼经常浮到海面上，望着蔚蓝的天空，眺望着茂密的森林，思索着该怎样离开。当鱼看到在天空自由翱翔的鸟时，鱼想到了一个主意，于是他对着鸟喊道："嘿，英武雄健的鸟啊，你飞翔的姿势是多么美丽，多么令人羡慕啊！你能带我这可怜的鱼也去天空看看么？"鸟听到鱼的赞美，心里乐开了花，立刻答应了鱼的请求。他俯身滑近海面，用双爪抓起鱼。

鱼终于来到了梦寐以求的蓝天，感受到了阳光的明媚，云朵的柔软。地面上的事物在身下显得多么渺小，大海在下面显得多么单调。

当鱼还沉溺在飞翔的快乐中时，突然听到一声枪响，四周的鸟儿都四处逃散，抓住他的那只鸟也吓得松开了爪子，鱼扑通一声又掉回了海里。

鱼受了伤，回想起刚才的情形，暗自庆幸没有被枪打中；也有些后怕，觉得天空也没有想象中那样美好，反而是危机四伏。鱼想：天空的动物那么少，肯定是他们知道天空的危险，而森林里的动物繁多，那森林一定是个好地方。

于是，鱼借助海浪的力量，在一次海潮的冲击中来到了岸上，可是鱼动弹不得，渐渐因为缺水而感到虚脱。他没有步入森林，却即将步入另一个世界。在他奄奄一息时，耳边响起老船和海浪的对话。

老船说："这个世界上虽然还有很多事物，我不曾见过，但我已经拥有足够的幸福；不属于我的东西，我没有能力去拥有。我只要自己快乐就好。"

　　海浪说："是啊。太多的期盼只是累赘，不属于自己的东西也拥有不了，你真是一位睿智的见过世面的老者。"

意念轨道
的作用

在台北信义路上，有一个卖猫头鹰的人，生意挺不错。他的猫头鹰种类既多，大小也很齐全，有的猫头鹰很小，小到像还没有出过巢；有的很老，老到仿佛已经飞不动。

一年多前我带孩子散步经过，孩子拼命吵闹，想要买下一只关在笼子里的小猫头鹰。那时，卖鹰的人还在卖兔子，他努力推销说："这只鹰仔是前天才捉到的，也是我第一次来卖猫头鹰，先生，给孩子买下来吧！你看他那么喜欢。"这个中年人看起来非常质朴，是刚从乡下到城市谋生活的样子。

我没有给孩子买："如果都没有人买猫头鹰，卖鹰的人以后就不会去捉猫头鹰了，你看，这只鹰这么小，它的爸爸妈妈一定为找不到它在着急呢！"

此后我常常看见卖鹰的人，他的规模一天比一天大，到后来干脆只卖猫头鹰，定价从 550 元到 1000 元，生意好的时候，一个月卖掉几十只。我劝他说："你别捉鹰了，捉鹰的时间做别的也一样赚那么多钱。"他说："那不同咧！捉鹰是免本钱稳赚不赔的。"对这样的人，我也不能再说什么了。

后来我改变散步的路线，有一年多没有见过卖鹰者。前不久我又路过那一带，再度看到卖鹰者时，大大吃了一惊，他的长相与一年前我见到他时完全不同了。

他的长相几乎变得和他卖的猫头鹰一样，耳朵上举、头发扬散、鹰钩鼻、眼睛大而瞳仁细小、嘴唇紧抿，身上还穿着灰色掺杂褐色的大毛衣，坐在那里就像是一只大的猫头鹰，只是有着人形罢了。

短短一年多的时间，为什么使一个人的长相完全不同了呢？我想到，做了很久屠夫的人，脸上的每道横肉，都长得和他杀的动物一样；在银行柜台数钞票很久的人，脸上的表情就像一张钞票，冷漠而势利；在小机关当主管作威作福的人，日子久了，脸变得像一张公文，格式十分僵化，内容逢迎拍马……

一个人的职业、习气、心念、环境都会塑造他的长相和表情，这是人人都知道的，但像卖鹰者的改变那么巨大而迅速，却仍然出乎我的预想。我和他打招呼，他居然完全忘记我了，就如同白天的猫头鹰，眼睛茫然失神，只是说："先生，要不要买一只猫头鹰，山上刚捉来的。"和朋友谈起，朋友说："其实，变的不只是卖鹰的人，你对人的看法也改变了。卖鹰者的长相本来就那样子，只是习气与生活的濡染改变了他的神色和气质罢了。我们从前没有透过内省，不能见到他的真面目，当我们的内心清明如镜，就能从他的外貌而进入他的神色和气质了。"

难道我也改变了吗？

在这个世界上，我们的意念都如在森林中的小鹿，迷乱地跳跃与奔跑，一旦意念顺着轨道往偏邪的道路如火车开去，出发的时候好像没有什么，走远了，就难以回头了。所以，向前走的时候每天反顾一下，看看自我意念的轨道是多么重要呀！

傻和尚

一天，一个游方的老和尚领着刚入门的六个徒弟外出化缘。偶然来到一片荒漠，抬眼望去，一望无垠。老和尚是一个非常执著的人，绝不走回头路，非要带着徒弟走过这片荒漠。

走着走着，老和尚看到徒弟们一个个疲惫不堪神色黯然，似有一丝不满。歇息之余，老和尚要给徒弟讲个故事，众弟子一听，转怨为喜。

"从前有一个和尚，低着头在雨中走着，慢腾腾地，就那么在雨中走着。路人顶着各式各样的'雨具'从他身边跑过，一边跑一边喊：嗨，傻和尚，快点往前跑啊！和尚不紧不慢地回答说：前面不也下雨吗？"

老和尚讲完之后，让徒弟们说说，这个被别人称之为傻和尚的到底是不是傻子。

老和尚话音一落，六个弟子你一言我一语，互不相让，几乎乱成一片。最终，老和尚只好要求大家想清楚之后，按照入门顺序发表看法。

作为管家的大师兄当仁不让：不是傻子，是个懒人，他懒得跑，宁可被别人当成傻子。颇有些学问的二徒弟肯定了大师兄的观点，但认为这个人无疑是个文盲，因为简单的时间和雨量二元算式只有文盲才不懂。

三徒弟认为，这个人不仅不傻，而且还很了不起。老天下雨，前后如一。雨中避雨，简直无处可避，这个人很可能先知先觉。

老和尚一看，以为大家观点一致。谁知，老四对此颇有异议，认为大家没有冤枉好人，如果不是傻子，为什么不拿什么东西盖在头上？

听了老四的观点，老五认为四师兄言之有理：是傻子，如果不跑到前面，怎么知道前面是不是在下雨呢？

对！对！——老六最小，快言快语，终于轮到他发表看法了：是傻子，他也不想着快点回家收衣服，还慢腾腾在雨中走！

听了众弟子的见解，老和尚若有所思，随即进行了点评：此人是否是傻子，有待考证。但是，假如前面有躲雨的地方，不如快点去躲雨。假如前面一片旷野，再跑也不过一身淋湿，还不如像傻子一样悠着点……

突然间，天上真的下起了雨，六个徒弟立刻躁动起来，纷纷站起身，呼喊着向前逃跑……

在人生遭遇非常之时，我们往往一筹莫展，有时甚至就如无头的苍蝇，莫名其妙的徒劳一场。对于不能超越现实的芸芸众生，在经过一场徒劳之后，也许会发现，原来我们徒劳的本身，也许就是一种解决这种遭遇的方式。